JN254656

食と農の教室 **3**

食と農の環境経済学

持続可能社会に向けて

宇山 満 著

昭和堂

はじめに

食料に関わる問題と人口の問題、そして環境に関わる問題とは非常に密接に結びついた問題だといわれることがある。人口問題・食料問題・環境問題は相互依存のトライアングルを形成しているといわれ続けてきた。

たとえば、発展途上国である所得水準の低い国々においては、人口爆発ともいわれる人口増加とこれにともなう食料需要の拡大、それに対応するための増産、そのための農林地の開発などによって、環境の破壊が招かれやすい。一方、先進国であるわが国などでも経験されているように、都市での人口過密やその表裏の関係にある農山村の過疎化は、空気の汚染や耕地・山林の荒廃を招き、自然環境の悪化や環境保全機能の低下をもたらすという側面ももっている。

このように農業は、その活動の拡大によっても、縮小によっても環境に大きな影響を与える可能性が高い。さらに農業生産の局面だけでなく、農業生産を規定する食料の消費の問題を含め、いまや環境とのかかわりを考えることなくしては、話を進められないきわめて大きな問題となっている。

農業は自然を開発、利用することから成り立つものであり、食料はこれなくしては人間は生きてはいけないという基本的な特徴を持つ。この点、食や農と環境との関係は、他の産業活動

や生活活動とは一味違って、生命に直接関わる問題であると同時に、相反する影響を内包する実に複雑な関係にあると考えられる。

　農林業と環境との関係が論ぜられる場合、以下のような対極にある見方が並行して出されることがある。それぞれを示しておきたい。

　まず1つ目のものは、「農林業は、自然の生態系の物質循環の中で太陽エネルギーを利用して再生産を繰り返し、生産機能と環境保全機能を表裏一体として持つ環境一体型産業である」という、環境にやさしい農業の性格を強調する立場である。

　もう1つは、「農林業開発そのものが人類最初の環境への破壊行為である。また生物種の意図的奇形の固定化の産物である品種改良された栽培種の利用を図っていることからも、環境破壊という側面を本来強く持っている産業である」というものである。

　皆さんは、これら2つの見方についてどう思われるのであろうか？　ある意味、両極の主張のようにも見えるが、ともに間違った見方というわけではない。

　このように農林業と環境との関係は多様で、「農林業の環境問題」といっても論者によって多くの見方がある。立場が違いすぎて場合によっては、議論がかみ合わないこともままみられるように思う。利害が絡む場合など、自分たちの見方や主張を強調するあまり、自らの主張に都合の良い部分だけを取り出すようにして議論を進めていることもあるように思われる。

「環境」を取り巻く複雑な関係をときほぐし、本質を明らかにするためには、自らの主張を客観化して他の多様な主張とも冷静に比較検討することが重要だが、基準として、本書では、「経済学の目」、すなわち経済学的なアプローチを意識し、これを通して食や農と環境とのかかわりについて考えていくことにする。

　そして、食と農にかかわる環境問題にはどういったことがあるのか、そしてその特徴と本質は何なのか、その対応策の可能性などを考えていくことにしたい。

　本書ははじめにとむすびを除けば、8つの章から成っているが、8章を4章ずつ大きく2つのパートに分けて考えられるように構成している。

　まず、第1章から第4章までの第Ⅰ部は、「環境問題を経済学の目から見るとは？」と題し、経済学の目の特徴、これを用いて環境問題をみることの意味と意義とを環境経済学のテキストとしても使えるように、ステップを踏みながらコンパクトにとりまとめたものにしている。

　これに対して第5章から第8章までの第Ⅱ部は、「食と農と環境とのかかわりとは？」と名づけ、食と農とを事例として取り上げ、第Ⅰ部で導出した考え方、アプローチを用いて、具体的にいくつかの問題を掘り下げつつ考えるパートとしている。

　第Ⅰ部と第Ⅱ部とが合わさってはじめて、本書の主目的である「経済学の目を通して食と農の環境問題を考える」ことが可能となるのではないかと考えている。社会を、そして環境にかかわる問題を、経済学の目を通すことから感じ取れる面白さを味わっていただければ幸いである。

目　次

■ギモンをガクモンに■

キーワードと用語解説

◎学びの手がかりとなる言葉をあげてみました。
◎知りたい言葉をみつけて、その章や解説を読んでみましょう。
◎章番号の記載のあるものはキーワード、頁数が記さされているものは用語解説です。

第I部

環境問題を経済学の目からみるとは？

経済学の目は、みんなの我慢を最小にするためにある!

　環境や農業の勉強をするのに、「経済学」はなぜ必要なのでしょうか?

　環境問題は、社会や人々の欲求に比べて、自然や環境のなかにある資源に限りがあり、不足する状況で起こります。無限の資源でも見つからなければ、足りない分を誰かがどこかで我慢しなければなりません。だれでもできれば我慢はしたくないでしょう。解決するにはどうしたらよいのでしょうか?

　経済学的な考え方はもともと、ものが足りずに困っている時にどうしたらよいかを考えることから生まれた学問です。みんなの我慢をどうしたら最小限ですませられるか、長い間研究してきた蓄積があります。経済学は、どうやってその方法をみつけだしてきたのでしょうか?　そんな我慢の処理に長けた経済学の目からは、環境問題はどうみえるのでしょうか?

　「経済学の目」を身につけて、これまでと違う環境や農業の世界をみてみましょう。

第1章

経済学の考え方とは？
——市場メカニズムと経済学の立ち位置——

キーワード

希少性／価格シグナル／需給均衡／経済余剰／死荷重

1 | 希少性と経済学

　本書では、経済学の目、視点を用いて、食と農にかかわる環境問題を考えていきたいと「はじめに」のところで述べた。

　では、環境にかかわる問題に対して、なぜ「経済学の目」なのであろうか？

　この疑問に答えるために、まず前提となる経済学的なものの見方の特徴を整理し、この見方を通すことの意味や意義を明らかにすることが必要となろう。

それではまず、経済学とはどういう学問なのだろうか？　これを少し考えることから始めよう。

　経済学は先人の歴史的な蓄積の上に積み上げられてきた学問分野で、そこには多くの視点、アプローチ、方法がある。経済学とは何かはさまざまな言い方が可能であり、一言でいうことはむつかしい。しかし、あえて本質を一言で述べるとすれば、「希少な種々多様な資源をいかにして効率的に配分してゆくのかを考えること、そしてこの資源の希少性にかかわる問題をいかにして軽減してゆくのかを考えようとするもの」、これが経済学の大きな特徴であると考えられる。

　経済学においては、希少性という言葉が非常に重要なキーワードとなっている。希少性とは、人々の欲求に対して、それを満たすべき手段である資源が相対的に見てどの程度不足しているのかを表す概念である。資源が不足なく十分ある場合、希少性は存在せず、不足している場合、希少性は存在していると考えられる。

　希少性が存在している場合、つまり欲求と比べて資源が相対的に不足している場合には、その資源をめぐって利害の対立が起こりやすい。こうした利害対立を効率的に調整・解決しようとするのが、経済学的なアプローチの仕方である。

　環境問題だけに限らず、「……問題」と名のつく大半のもののベースには、人間の目的や欲求に比べて、それを満たすべき手段や資源が不足しているという希少性の存在が必ずついて回るといってよい。

　とはいっても、希少性という言葉はいかにも抽象的であり、

イメージがわきにくいかもしれない。そこで、以下の具体例に沿って考えると少しは理解しやすいのではないかと思う。

　電車の座席の数と乗客の数という身近なものを例として挙げてみたい。

　いま、電車の座席の数が5つあったとしよう。ここで乗客の数が3人の場合と8人の場合とを考えてみよう。それぞれの乗客がすべて座りたいと考えており、1人の乗客は1つの座席に座り、また座席に差はないとする。

　乗客3人の場合、3人の座りたいという欲求を満たすためには、3つの座席が必要である。これに対して、乗客8人の場合には、当然8つの座席が必要である。

　乗客の欲求を満たすのに必要な座席数と、現在存在する座席という資源の数を比較することで、希少性が存在しているのか、存在していないのかを考えることができるのである。

　乗客3人の場合、必要な3つの座席と比べて、座席は5つあるため、十分に欲求を満たすことができ、希少性は存在しない。これに対して、8人の場合、欲求を満たすためには8つの座席が必要であるから、5つの座席では8人の乗客全員の欲求を満たすことができず、座席をめぐって利害対立という問題が発生する。こうした状況が、希少性があり問題が発生するということである。

　このように希少性が存在する場合、利害対立から問題が発生することも多いが、こうした問題に対して、上の座席の例であ

ればたとえば、「欲求の強い人から順にその欲求を満たす」という、ひとつの効率的な利害対立の調整法を考えるというのが経済学的なアプローチの特徴である。

　座席の例では「欲求の強さ」という尺度を、並ぶという形で他に使える時間を捨て（犠牲にし）てでも座りたいという欲求の強さを表明させ優先度を決める方法、あるいは、支払おうと思う金額で優先度を考える、座席への値づけなどが、経済学的な考え方に基づいた解決方法であるといえるだろう。

　この例でもわかるように、希少性のある・なしが経済学にとってきわめて重要な前提である。希少性のある場合、いかに効率的に、つまりできるだけ無駄なくこの問題にアプローチするのかが、経済学の出番を生んでいる。逆に言うと希少性のない場合には、経済学的考え方の出番はないといってもいい。

　拡大し続ける欲求と有限な資源を前提とした希少性が存在する多くの問題において、この有限で希少な資源を本当に欲しがっている人に優先的に配分させる方法を考えることに、経済学の本質の1つがあるといってよい。

　環境にかかわる問題を考えるとき、ベースにある環境資源は有限で希少な資源といってよく、これに対する過大な欲求との関係の中で発生する環境問題では、当然ながら全員に有限な資源をフリーパスで利用させることはできない。そのため、どうしても社会構成員の何らかの我慢が必要となってくる。

　この我慢に対して、新たな技術や技術の開発は、我慢をしないで済ませる道を探そうというものであると考えられる。他方、法律や制度に基づく規制というものは、一定のルールのもとで

一律に我慢をさせる、我慢を強いるアプローチととらえることができる。これらに対して、経済学的な考え方に基づくアプローチは、社会構成員の我慢を効率的にできるだけ小さなものとする方向を目指すものと位置づけていいと思われる。

2　価格シグナル

ここまで、希少性をキー概念に、経済学的なアプローチの特質を見てきた。

希少性がある場合、この希少性がどの程度なのか、非常に希少なのか、それとも少し不足するだけなのかによって、人々や組織の行動や利害の対立の程度も異なってくると考えられる。しかし、全ての需要、全ての資源の量はわからないことの方が多い。そのような時、人や組織は何を見て希少さを判断して行動しているのであろうか？

経済学では、基本的に、この希少性の程度はモノの値段、価格の高い・低いに反映しており、価格を見て人々は行動し、結果として調整されていると考える。

たとえば、労働力が相対的に不足している社会では労働力の希少性が高いため賃金水準は高く、つまり労働力という資源の価格が高いと判断される。このような労働という資源の希少性が高い社会では、労働力という不足気味の資源の利用をできるだけ控え、他の資源、たとえば機械などの資本を利用する方向に行動が誘導されていると考えるのである。

経済学的にものを考える場合、その中心には必ず価格があり、

これに基づき、これを目安に行動する人々や組織の意思決定があると考えてよい。

　中学や高校の社会の授業で習う需要曲線や供給曲線、そしてその交点で価格が決まるという需給均衡の考え方はこうした経済学の考え方に基づいているのである。

　需要・供給のやりとり全般がおこなわれる市場では、価格という信号に従って、売り手（供給者）も買い手（需要者）も、この信号が発する情報に従って行動する、と経済学では考える。価格というものにすべての情報が含まれ、それがうまく機能している限り、市場において需要と供給とは調節され、両者が一致するところ（価格）で取引がおこなわれ、後述するように社会的にも望ましい資源配分が達成されると考えられるのである。

　経済学では、需要曲線は「価格が与えられたとき、価格に対する（消費）需要のスケジュールを示すもの」と定義され、供給曲線も同様に「価格が与えられたとき、価格に対する（生産・出荷）供給のスケジュールを示すもの」と定義されている。スケジュールとは、この値段なら買ってもよい、売ってもよいという心づもり（予定）である。

　これらの定義を示す文章は、2つのパートに分けて考えることが重要である。まず、前半部にある「価格が与えられたとき」は、プライス・テイカー（price-taker）の仮定・前提といわれるもので、価格というものに対しては受け身で、100円だったら、200円だったらどれだけ買いたい（需要）、売りたい（供給）というように、価格が示されて判断する。示された価格という情報に対して、どう反応するのかということがすべての出発点とな

っている。

　この価格という信号をみて、需要者（購入者）は、P_1であればQ_1、P_2であればQ_2、P_3であればQ_3という対応関係で示される購入計画、すなわち需要のスケジュールを何らかの基準にもとづいてたてるはずである。このスケジュールを示す表を、平面の上にプロットして示したものを需要曲線と呼んでいる。先の定義文の後半部に対応している。このスケジュールでは、もし、$P_1 > P_2 > P_3$であれば、価格が高ければ購入を控え、安ければ購入量を増加させようと行動することから$Q_1 < Q_2 < Q_3$となるはずである。この大小関係から、横軸に価格、縦軸に数量をとって示した平面の上で、需要曲線は右下がりとなる。

　これに対して、供給者（販売者）の場合においても、P_1ならQ_1、P_2ならQ_2、P_3ならQ_3という販売・供給のスケジュールをもっているが、この時には、$P_1 > P_2 > P_3$であれば$Q_1 > Q_2 > Q_3$となっている。これは、価格が高ければ、生産出荷する量を増やし、安ければこの量を減らそうとするためである。それゆえに、供給曲線は一般的に右上がりに示される（図1参照）。

　供給者は値が高い（高く売れる）方を望み、需要者は値が低い（安く買える）方を望むのが通常であろう。ここに、1つの利害対立が発生する可能性があると思われるが、この対立の折り合うところが需給均衡（市場均衡）と呼ばれるものである。

　図1に示すように、需給がバランスする需給均衡価格をP^*とした場合、これより高い価格P_1では、供給したいと思う量Q_1^sより需要したいと思う量Q_1^dの方が多いため、ものがダブつき気味となる。ものがダブついて過剰である場合（供給超過）、希少

性は低いため価格に低下圧力がかかりその値は下がる。すると安い値段では売りたくない者は供給を控え、供給量は減っていく。その一方でその値段なら買いたい者は増えて需要が増え、結果として過剰を減らす方へと動

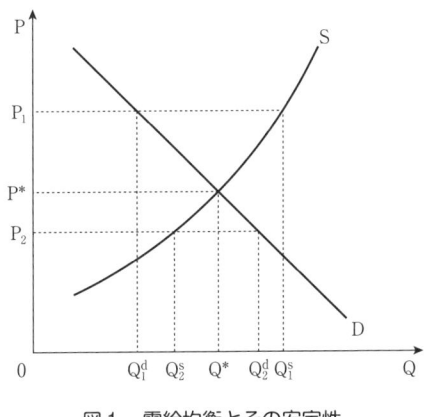

図1　需給均衡とその安定性

いてゆく。そして、需要量＝供給量となるP^*の方向に動いて落ち着こうとする。

　他方、価格がP_2という低い水準であったあった場合、この価格という信号に基づけば、需要したい量Q_2^d、供給したい量Q_2^sとなり、大小関係では$Q_2^d > Q_2^s$となり（需要超過）、モノが不足気味となる。そうするとモノにプレミアがつく感じで値が上昇する方向に動き、不足を解消しようというメカニズムが働いてくる。最終的に、P^*という需給均衡価格に落ち着こうと動くという、供給過剰の場合と同様のメカニズムと考えてよい。

　以上は、非常に簡単な形で、需給をバランスさせて動こうとする需給均衡の仕組みを説明したものであるが、重要な点は、需要者も供給者も、価格という情報をすべての判断材料として、これに基づいて行動しているという点である。価格という信号・シグナルに基づいて人々や組織が行動することで、最終的に買

いたいと思う量と売りたいと思う量とがバランスする価格（均衡点）が発見され、そこで安定するという市場の仕組みが成り立っていることを意味しているのである。

3 ｜ 需要曲線・供給曲線のもう1つの見方と経済余剰

この均衡点という安定した状態は、資源配分の面でも効率的で、社会的に見て望ましい状態であるとされている。均衡点がほんとうに社会的に望ましい状態であるのか、簡単な道具立てで説明しておくことにしたい。

再度、需要曲線と供給曲線に戻ってみよう。

この両曲線は、価格が与えられたとき、価格に対する需要や供給のスケジュールを示すものというのが定義であった。示される曲線は、横軸の価格の動きを見て、その時の需要量・供給量という数量を見るという形で、まず横軸の価格の推移をみるというのが基本だろう。

では、縦軸の量の推移からみたらどうなのだろうか？

需要曲線を例に考えていくことにしたい。

いま、夏の暑いとき炎天下の外から室内に入りほっとした状態を想定してもらいたい。ずいぶん汗をかき、のども非常に乾いている。筆者ならまずビールがほしくなる時である。よく冷えたジュースでも構わないが、そういう状況をイメージしてほしい。

こうした時、ほんの小さなグラス1杯のビール（あるいはジュ

ース）に対して、皆さんなら、最大限どれぐらいのお金を支払う気持ちをもつのであろうか？

　考えるのは最大限支払ってもいいと思う金額なので、当然それよりも安ければ購入したいと思うはずである。購入するか購入しないか判断する際の境目としての判断基準となる金額である。そうした、気持ちとして支払う準備がある金額、言葉を変えると支払うに値すると評価できる上限額のことを、最大支払意思額と呼び、需要曲線をみるキーワードである。

　仮に1杯目のビールに対して、500円支払ってもいいと考えていたとする。まずは1杯目を500円以下で飲むことができた。さて、そうなると2杯目はどうだろう？　1杯のビールを飲むことでのどの渇きも少しは癒えたので、2杯目になると少しは評価金額である意思額は低下すると考えられる。それが400円だとすると、2杯目を購入するかしないかは、この400円をもとに判断することになる。さらに3杯目を考える場合には、おなかも膨れてくるので、この評価値はさらに下がり、150円、4杯目になると50円というように、杯が進むにつれ、次第に支払おうと思える金額は減少していくと考えられる。

　こうした時、グラス1杯のビールが、300円であれば、1杯目・2杯目については、最大支払意思額よりも安いので、購入しようと考えるが、3杯目以降は支払ってもいいと考える金額よりも価格が高いので購入しようとはしないであろう。ということで、この場合購入量はグラス2杯ということになる。もし価格が150円に下がれば、3杯目まで購入し、逆に420円に上がれば、1杯目だけを購入することになる。値段が安いほど需要

は多く、高くなるにつれ減っていく。

　このようにして、階段状に図で描かれたもの（図2）は、価格に対する購入スケジュールを示しており、「この金額なら買おう」といういわば需要曲線とみることができる。このグラスというユニットを次第に小さなもの、たとえば日本酒で使うお猪口に変え、さらにもっと小さなものに変えるということを繰り返していくと、階段状の図は次第になだらかな曲線になってくると考えられ、それが需要曲線である。

　このように考えると、通常のなだらかな需要曲線の図についても、図の高さで示されるものは、追加的1単位ごとの最大支払意思額（限界評価額）を示していることになる。そして、この高さが次第に低くなる、つまり追加的1単位当たりの最大支払意思額が徐々に小さくなっていくということが、右下がりの需要曲線のもつ意味である。

　先ほどの例では、価格が300円の場合には2杯だけビールを購入することになるが、1杯目については500円支払ってもよいと考えていたけれど、実際に支払ったのは300円なので、結果として500 − 300 ＝ 200円については、支払う準備はあったが支払わずに済んだ金額、つまり評価金額より少なく済んだ金額ということになる。

　また同様に、2杯目については、評価金額は400円であったから、400 − 300 ＝ 100円を支払わずに済み手元に残る。合計すると300円が手元に残ることになる。この金額は、市場取引でグラスビールを購入することで、自分が評価した金額よりも支払いが

少なく済み手元に残った金額ということを意味している。こうしたものを、一般に、市場取引で消費者が得る利益という意味で、「消費者余剰」(consumer's surplus)と呼んでいる。

　図3には、一般によく見られるような右下がりの需要曲線Dを直線で示している。価格がP$_0$のとき、スケジュールとして需要したい（買いたい）と思う量はQ$_0$と定まってくるが、このとき需要曲線Dと価格ラインを示す水平線との間にできる三角形ＡＢＰ$_0$の大きさは消費者余剰の大きさを示している。

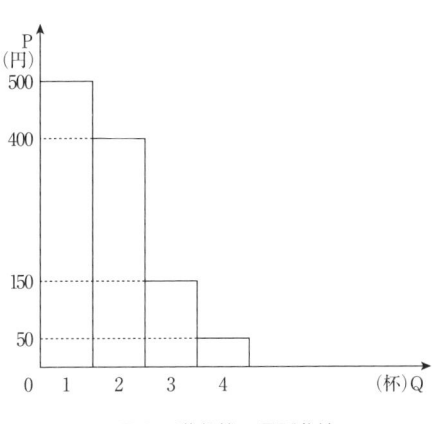

図2　階段状の需要曲線

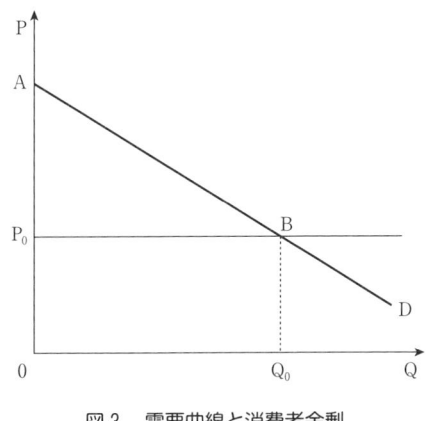

図3　需要曲線と消費者余剰

　つまり、消費量Q$_0$に対して、支払ってもよいと思う（評価する）金額の合計は、台形ＡＢＥ０の大きさであり、対して実際

に支払う金額は四角形$P_0 B Q_0 0$の大きさで示され、その差として三角形ＡＢP_0の大きさが消費者余剰として出てくると考えられるのである。

　同様のことは、供給曲線についてもいうことができ、「生産者余剰」という概念が導出される。

　供給曲線についても、グラフの縦方向の高さに注目してみよう。供給曲線上のある点における高さは、どういうことを意味しているのであろうか？

　高さは、ある量のところから、もし１単位追加的に生産量を増やそうとした場合に余分にかかる（と評価される）費用の大きさを示しており、これを「限界費用」と呼んでいる。

　先の需要曲線の場合と同様に、縦に短冊状に供給曲線を切っていけば、それぞれの意味が理解しやすいだろう。

　少し生産を増やそうとしたとき、余分にかかる費用の大きさが高さであるから、見方を変えれば、これは最低限受け取らなければならない金額（受け取らなければ困ると思う）金額の大きさを指しているのである。

　そうすると、この金額の大きさと価格との大小関係から、どれだけの生産がなされるかが決定されることになる。

　この限界費用が価格よりも小さな場合には、最低限受け取らなければ困ると考える金額よりも価格の方が大きいことになり、生産して出荷をすれば、最低限必要な金額よりも多くの金額を受け取ることができ、手元にお金が残ることになる。その場合、その１単位については当然生産がなされることになる。

　他方、限界費用の方が価格よりも大きな１単位については、

もし生産を増やせば、費用の方が収入を上回る形になり、赤字となる。わざわざ赤字を発生させるような非合理な行動はおこなわないと考えられる。

結局、限界費用という高さと価格の大きさとが等しくなる

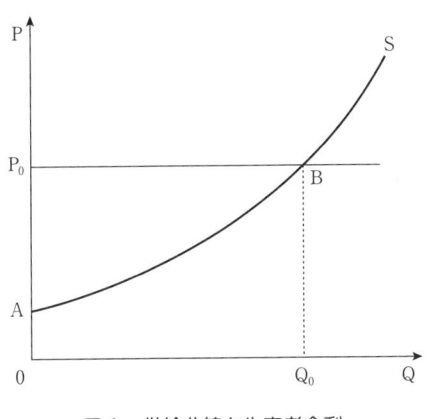

図4　供給曲線と生産者余剰

ようなところで、生産量の大きさが決定されることになるわけである。

そして、生産量が決定されたとき、生産される量については、最低限受け取らねば困ると思う金額の合計よりも実際受け取る金額の方が多くなり、この差額が生産者余剰（producer's surplus）である。

一般によく描かれるように右上がりの供給曲線Ｓを図4のように描いてみると、価格P_0が提示された場合、生産者はQ_0だけの量を生産・出荷しようとする。この場合、売上金額の合計は四角形$P_0 B Q_0 0$の大きさで示され、最低限受け取らねば困ると思う金額の合計は台形$A B Q_0 0$であらわされ、その両者の差額として生産者の手元に残るものが生産者余剰ということになる。

また、供給曲線Ｓと価格ラインを示す水平線との間にできる

三角形ＡＢＰ$_0$の大きさが、消費者余剰の大きさを示しているのである。

　ここで導き出してきた消費者余剰と生産者余剰とは、市場で取引がおこなわれれば、ともに手元に残る金額という意味で余剰（経済余剰）と表現され、生産者や消費者にとっての利益と同じ意味で使われる。この余剰の変化を分析し、「余剰分析」という手法として、なんらかの経済的ショックがあったときにどのような影響があるかなどを推測するために、しばしば使われる。経済学によって現実を分析する、非常に便利な考え方の1つといってよいだろう。

4　需給均衡点は社会的にみて望ましい状態

　ここまで需要曲線や供給曲線、そしてそこから消費者余剰と生産者余剰という経済余剰の考え方を解説してきた。

　次に、この経済余剰概念を用いて、需給均衡点のもつ社会的な意味を説明することにしたい。図5では、右下がりの需要曲線Ｄと右上がりの供給曲線Ｓが描かれ、その交点Ａが需給均衡点として示されている。この図を用いて考えていこう。

　需給均衡という安定した状態のとき、前項で導出した消費者余剰の大きさは三角形ＢＡＰ$_0$で、生産者余剰の大きさは三角形ＣＡＰ$_0$であることは想像できるであろう。ということは、両者を足し合わせることで市場に参加している全員の手元に残る利益として、三角形ＢＡＣという大きさの余剰を市場参加者全員として、つまり社会全体として受けていることになる。この社

会全体としての利益のことを社会的余剰（あるいは総余剰）と呼び、社会全体を考えるときの基準としている。

市場均衡で達成されるときの社会的余剰は、均衡していない場合と比べて大きいという特徴を持っ

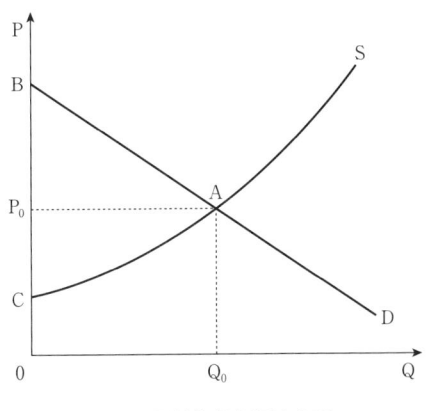

図5　需給均衡と経済余剰

ている。たとえば、均衡状態の時と生産量が需要より大きい時（過大生産）や逆に少なかった時（過小生産）と比べてみると、需給均衡での生産量の時の社会的余剰が大きくなっているのである。これは、均衡状態のときに社会的余剰が最大となることを意味している。

このことを、過大生産と過小生産に分けてみておくことにする。

図6は、生産量Q_1が何らかの理由で均衡生産量Q_0より少ない場合を示したものである。少ない理由にはかかわらず、たとえば意図的に生産量を少なくした場合でもよい。生産量が少ないのであるから、市場価格は高くなりたとえばP_1の水準にまで上昇したとする。市場の消費者余剰は三角形ＢＥP_1、生産者余剰は台形P_1ＥＦＣとなり、社会的余剰は台形ＢＥＦＣの大きさで表現される。

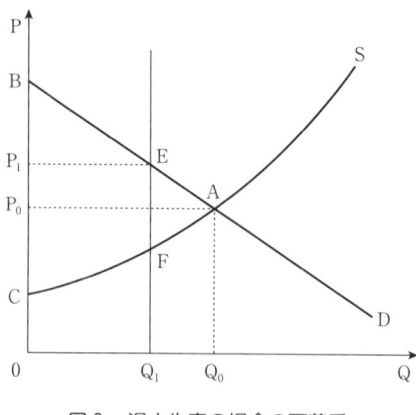

図6　過小生産の場合の死荷重

この大きさを先の図5で示した需給均衡点での社会的総余剰三角形ＢＡＣと比べると、三角形ＥＡＦの大きさだけ少なくなっていることがわかる。この社会的余剰の減少は死荷重と呼ばれ、死荷重が発生していることが資源配分の面でロスがあることを反映している。

　次に、過大生産の場合を示したのが、図7である。過大生産の場合も同様、何らかの理由で均衡生産量Q_0よりも多い生産量Q_2の場合を考えることにする。生産量が多いわけであるから、市場価格は低くなり、P_2の水準にまで低下したとする。この場合、市場の消費者余剰は三角形ＢＧP_2となる。生産者余剰は市場価格がP_2、生産量Q_2であるから、売上金額は四角形P_2Ｇ$Q_2$０の大きさに対応し、最低限受け取らねば困ると思う金額の合計は台形ＣＨ$Q_2$０の大きさで示される。生産者余剰はこの両者の差であることから、四角形P_2Ｇ$Q_2$０－台形ＣＨ$Q_2$０の大きさと一致する。したがって、生産者余剰の大きさは、三角形P_2ＩＣ－三角形ＩＨＧという形で示される。

　社会的余剰は、消費者余剰の大きさと生産者余剰の大きさの和であるから、この場合の社会的余剰は、三角形ＢＡＣ－三角形ＡＨＧで示されることになる。

この大きさは、需給均衡点での社会的余剰と比較すると、三角形ＡＨＧの大きさだけ小さなものとなっているのは明らかであろう。過大に生産した場合も、三角形ＡＨＧの大きさに相当する死荷重が発生しており、資源配分上のロスを生んでいることがわかる。

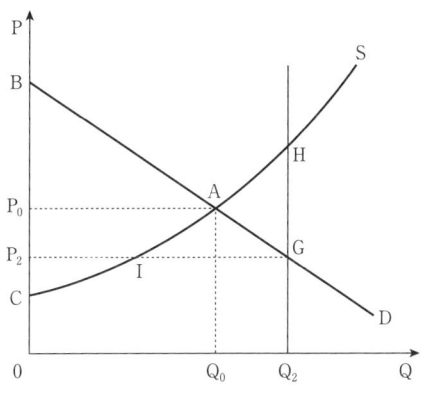

図7　過大生産の場合の死荷重

このように需給均衡量よりも少なく生産した場合も多く生産した場合も、ともに必ず死荷重が発生し、資源配分上望ましい状態ではなくなってしまう。一方、需給均衡点では死荷重が発生せず、最も望ましい資源配分をしていることがわかる。

価格というシグナルにしたがって、生産者も消費者も行動し、それが市場というメカニズムで調整されていくが、その調整され落ち着くところが、なぜか資源配分の観点からみても、社会にとっても、最も望ましいところであるというすごい性質を経済学的なアプローチによって確認することができたのである。

ギモンをガクモンに

価格が壊れると市場メカニズムに狂いが生じる!

価格は、あたかも灯台や羅針盤のようなもの。これを頼りにして行動していた人々や組織は、このシグナルが壊れてしまったらどちらを向いて動き、どのような問題が起こるのでしょうか? 事故だからしょうがない、ではすまない問題が価格と市場、そして社会の関係に横たわっています。

環境問題を考える鍵もそこに潜んでいるといってよいでしょう。価格を決めるメカニズムは、なぜ間違うのか。壊れた価格は、社会にとってどんな利害をもたらすのか。環境問題がどうして市場メカニズムに関係するのでしょうか?

環境問題が生じたとき、生産者と消費者の損得だけでは間違った答えにたどり着いてしまう理由を、経済学の視点から解き明かしてみましょう。

....

第2章

市場の価格シグナルが壊れていたら
——市場の失敗としての外部性——

キーワード

市場の失敗／外部性／社会的限界費用／社会的限界便益／
最適資源配分

1 | 価格シグナルと市場の失敗

　経済学的にものごとを考える場合、その中心には必ず「価格」
があり、これを判断材料にしてなされる人々や組織の意思決定
があると述べてきた。この「価格」、モノの値段にもう少し注目
していくことにしたい。

　価格は大きく2つの機能をもっているといわれている。1つ
は、価格の高低によって利益を左右し、所得や資産を形成する
構成要素としての役割・機能である。これは、人びとの所得を

形成し、また所得の配分の構成要素という意味で、「所得形成・所得配分機能」と呼ばれる。

　もう1つは、価格の変動によって需要および供給を誘導し、資源配分をつかさどるという意味で、「資源配分・需給誘導機能」と呼ばれる。価格が資源配分を決定するに際しての信号・シグナルの役割を果たすという機能である。

　第1章では、後者の価格というシグナルに基づいて経済主体が行動した結果、この市場で導かれる安定した状態＝価格均衡の状態では、資源配分が最も効率的で望ましい状態であることを示してきた。

　しかしながら、これには「この信号・シグナルが正しい情報を発信している場合」、という限定が必ずついてまわる。

　私たちが、いろいろなシグナルに基づいて行動する場合、そのシグナルは正しいことが前提となっているが、もし、その信号・シグナルが壊れたり誤っていたらどうなるのであろうか？

　たとえば、交通の信号がずっと赤のままであったらどうなるか？　あるいは、信号が消えてしまっていたらどう行動するか？　おそらくはたいへんな混乱が生じるであろうが、同じようにシグナルである価格という情報が誤っていたり、あるいは価格という情報そのものがない場合、人々や組織はどう行動し、またどういう問題が発生するのであろうか？

　現実にはこの誤ったシグナルによって、失業や賃金格差、公害といった「市場の失敗」と呼ばれている問題の多くがもたらされる。

　たとえば価格情報がない場合には価格がゼロ、つまりただだ

と判断される可能性もある。もしあなたがたまたまみた広告で自分の欲しいものが誤って無料だと掲載されていたら、すぐに手に入れたいと思うだろう。多くの人が同じように思って行動する結果、混乱が生じることは簡単に想像がつくと思う。同じように価格情報が上方に、あるいは下方にゆがんだ状態、つまり本来の価格から必要以上に高すぎたり安すぎたりした場合、そうした情報に基づいて人々や組織が行動する結果として、過大あるいは過小な生産や消費がおこなわれる可能性が高い。

　このように誤った価格情報によって市場がうまく機能しない状態については、その要因・原因によりいくつかに類型化されている。一般的には、①外部性、②公共財、③費用逓減産業、④不完全競争による独占・寡占、⑤情報の非対称性、といったものに分類される。これらは少しずつ互いに関係しあった関係にある。例えば、公共財とは「非排除性」と「非競合性」という特性をもつ財といわれているが、これなどプラスの「外部性」の一部を構成するものと見ることもできる。すなわち、明確に別のものとして分けることが難しいという側面も持っている。

　本書で扱う環境に関わる問題は、シグナルが壊れていることによって主に生じる、「外部性」の問題と密接に結びついている。

2 ｜ 外部性とは何か？

　農業生産に限らず、私たちの活動と環境との関係を考えるとき、経済学では「外部性」という概念を用いて考える。ここで

は、外部性について、まずその意味と特徴を説明する。

　消費者や生産者といった経済主体の活動・行動は、当然他の経済主体に影響を与える。通常はそのことに対して、意図するしないを問わず、市場を通して、プラスの影響に対しては貢献に対する報酬の受け取りを、マイナスの影響については、損失補填の支払いをすることになっている。つまり相手にとって利益のある活動なら報酬を得られ、損失を与える活動であれば補填をしなければならない。

　ところが、社会全体で見れば、そうした市場を通した支払いや受け取りといったものがなされない、つまり市場取引の外におかれたものがみられることがある。こうした関係性を経済学では一般に外部性と呼んでいる。

　もう少し丁寧かつ正確性をもって説明をしておくことにしたい。

　外部性とは、人や組織という経済主体がおこなう本来の生産活動や消費活動が、

　　①他の経済主体に意図しないプラスあるいはマイナスの影響を付随的に与えてしまうにもかかわらず、

　　②そうしたものに対する対価の支払い（与えた便益に見合う収益、あるいは被害に対する損失補填）が市場機構を通じてはなされない、

という現象を指していると定義することができる。ある工場の製品はどこかの店などに売られ（市場取引され）、直接のやり取りはその工場と店の間でおこわれる。その時、工場から汚水が横の川に流れていても、その市場取引には直接関係しない。お

金のやり取りのない市場取引の外部で、環境汚染という問題が生じ、近隣住民になんらかの影響を与えているのである。

このように、ある経済主体の行動は、多かれ少なかれ、副産物や副作用として他の経済主体に影響が及ぶことは避けられない。しかし、すべての経済行為が外部性（外部効果）を持つことにならないのは、その大半が市場を経由して相互に影響しあっているからである。いわば、先の条件のうち、②の条件を満たしているかいないかが、重要なポイントとなる。ある経済行為が外部性をもつというためには、条件②が本質的な要件となる。

外部性が生じることには、3つの要因があると考えられている。1つは、影響が及ぶことを技術的に避けることができない場合、第2に、避けることそのものは技術的に可能ではあっても、避けようとすれば莫大な費用が掛かるために現実的には不可能な場合、そして第3は、全体として影響が及ぶことは明確だが、個々の人や組織に対する程度を特定できない場合である。このような要因によって、市場機構を媒介しない外部性が生じ、結果として何らかの影響である外部効果が発生すると考えられる。

この外部性・外部効果については、他の経済主体に与える影響がプラスの場合、外部経済効果がある、あるいはプラスの外部性があるとされ、逆にマイナスの影響を与えている場合は、外部不経済効果がある、あるいはマイナスの外部性があるとされる。

第1章で述べたように、市場では、価格という信号に従って、売り手（供給者）も買い手（需要者）も、この信号が発する情報に

従って行動する。価格というものにすべての情報が含まれ、それがうまく機能している限り、市場において需要と供給とが調節され、両者が一致するところで取引がおこなわれ、社会的にも望ましい資源配分が達成されるはずである。

　ところが、こうした外部性のように、市場取引の外に漏れているものがあれば、本来その効果に対する支払いや受け取りがあった場合と比較すれば、需給の均衡した適切な価格での取引と考えられたものが、実は過大な活動であったり、過小な活動であったりすることが考えられる。

　少し視点を変えて、以下のように考えると理解しやすいだろう。

　人々や組織という社会の構成員にとって大切な価値があると認識されるものであっても、その価値には値段がついておらず、価格として市場取引には全く情報が伝わらず、市場ではあたかも価格がないものとして市場の取引の対象とされない場合、このものに影響を与える市場取引は外部経済効果を持っていることになる。こう考えた場合、例えば、自然景観の美しさや、生態系の多様性、さらにあとで詳しく述べる正しく管理された農林業のもつ環境保全機能などが、市場では価格をもたないものとして考えられよう。

　対して、ある経済主体の行為が、社会の構成メンバーにとっては極めて迷惑だと認識されながら、その迷惑性がその経済主体にはコストとして意識されず、市場取引にはまったく反映されないために過小な価格がつき、過大に供給されてしまうものは外部不経済効果をもつ。典型的な例としては、公害問題など

があげられよう。公害のもととなる有害な排出物は、生産活動に伴う副産物として出てくるものであるが、この副産物がもつ迷惑性がコストとして意識されず価格の情報に含まれないために適切な価格より安い価格で取引され、過大な生産活動となる。

このように外部性が存在する場合、社会的に望ましい活動水準とは違った水準に落ち着いてしまう傾向があり、市場がうまく機能しないと考えられる。こうしたものが市場の失敗と呼ばれ、その代表的な例として環境にかかわる問題があるといえる。

3　蒸気機関車と森林消失——マイナスの外部性——

もう少し外部不経済効果と外部経済効果について具体的に説明しておこう。

経済学の世界で外部性の問題に対して体系性をもって指摘したのは、イギリスのA. C. ピグーがはじめであったといわれている。

彼は、19世紀のイギリスで問題となっていた蒸気機関車の吹き出す火の粉が沿線森林を焼失させる例を用いて外部不経済効果の話を進めていた。

この例をもとに、現在の言葉で整理しなおしてみる。

蒸気機関車の火の粉による森林消失は、当時の鉄道運行において、必ずついて回るマイナスの副産物のようなものであった。したがって、森林消失にともなう損失は鉄道のサービスを提供するために、社会の構成員のだれかによって負担されなければならない費用と考えられるが、その時の鉄道会社の私的費用に

はこのコストはまったく含まれていない。社会全体にとっての社会的費用と鉄道会社の意識する私的費用との間に乖離が発生していて、社会もそれを意識できていない状態である。森林の損失がコストとして意識されないの

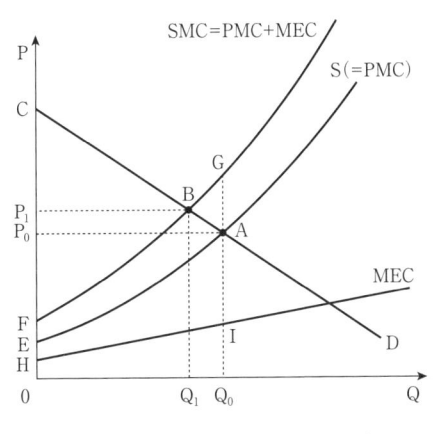

図8　外部不経済効果がある場合

で原価計算に含まれず、市場取引の外に漏れた外部費用の大きさだけ、私的費用を過小に見積もる形で企業は行動し、市場での取引がおこなわれることになる。そのため、社会全体で見た場合の最適均衡点と比べて、過大な鉄道サービスが供給される結果となっていたと考えられる。

　このことを、需給関係を示す図を用いてみておくことにする。

　図8において、右下がりの需要曲線Dと右上がりの供給曲線Sが描かれ、その交点であるA点という需給均衡点で価格と数量が決定することを出発点にする。ここで、供給曲線Sは、鉄道会社の鉄道運行にかかわる追加的1単位当たりのコストを示す限界費用に対応している。右上がりということは、運行量を増やすにつれて、費用の増え方が大きくなることを示し、また会社が意識し原価計算に含まれる費用の変化分に対応している。

　ここで、森林消失による損失は、社会にとってはだれかが負

担すべき費用であるが、活動をしている経済主体にとっては、コストとはまったく意識されない費用であり、その分だけ市場取引の外に漏れている外部費用である。この社会にとっていわば迷惑の大きさを示す外部費用は、運行量が増えるにつれて、その増え方が大きくなると考えられる。つまり、限界外部費用は、運行量が増すにつれて大きくなる、つまり限界外部費用曲線は右上がりとなっていると考えられる。

　ところで、社会的費用は、企業の私的な費用と、社会にあたえる迷惑という外部費用とを足し合わせたものの大きさであるはずである。そうすると、追加的1単位当たりの限界費用についても、

　　社会的限界費用＝私的限界費用＋限界外部費用

の関係が成り立つはずである。つまり、図において、社会的限界費用曲線ＳＭＣは、私的限界費用曲線ＰＭＣに限界外部費用曲線ＭＥＣを縦方向に加算してできるもの、つまり限界外部費用の大きさだけ、私的限界費用曲線を上方に移動させたものが、社会的限界費用曲線となるのである。

　この社会的限界費用曲線と需要曲線との交点をＢ点とすると、このＢ点が、本来の社会的に最も望ましい均衡点であり、現在の均衡点Ａは、このＢと比べて過大な生産・供給をおこなっていることを意味している。

　次に、この乖離が資源配分の効率性を阻害することになり、Ｂ点が本当に最も望ましい状態であることを、余剰概念を用いて簡単に確認しておこう。

図のＡ点で取引が成立するもともとの需給均衡点の場合から考えてみよう。

　消費者余剰は三角形ＣＡP_0、生産者余剰は三角形P_0ＡＥの大きさに対応し、両者の合計は三角形ＣＡＥの大きさとなる。一方、社会的限界費用曲線ＳＭＣと需要曲線Ｄと交点Ｂで取引が成立する場合は、消費者余剰は三角形ＣＢP_1、生産者余剰は三角形P_1ＢＦの大きさで、合計の社会的余剰の大きさは三角形ＣＢＦとなり、見かけは前者のＡ点の場合の方が大きくなる。

　しかしながら、四角形ＨＩ$Q_0$０＝四角形ＧＡＥＦの大きさの外部費用は、本来生産者が負担すべき費用でありながら、社会の他のメンバーが負担しているものなので、社会的余剰として考える場合、Ａ点の取引の余剰の合計三角形ＣＡＥから差し引いたものが、真の社会的余剰となるはずと考えられる。

　つまり、Ａ点での取引の社会的余剰は、三角形ＣＢＡ－三角形ＧＢＡの大きさに修正され、社会的限界費用をベースとしたＢ点での社会的余剰よりも、三角形ＧＢＡの大きさだけ小さくなってしまうのである。

　外部不経済効果が存在する場合、その情報をとりいれていない価格による需給均衡点での取引は、その過大生産のゆえ、三角形ＧＢＡの大きさだけ死荷重が発生し、社会全体としてみると経済効率が損なわれているといえる。

　Ａ点よりもＢ点の方が、資源効率の面で優れており、Ｂ点の方、つまり価格が高く、生産をもう少し減少させる方が望ましいことがわかる。

　さて、ピグーの話に戻ると、このことから、Ａの状態からＢ

の状態にもっていく、つまり鉄道の運行規模をコントロールして減少させる必要があると彼は考えている。そのためには外部費用を意識させる工夫として、鉄道運行に対して課税することでその方向に誘導すべきだと主張している。ピグー税と呼ばれる施策の提唱である。ピグー税は、A点からB点にもっていこうという目的のための1つの手段であるが、詳しくは章を改めて、外部不経済効果の内部化対策という枠組みの中で説明することにする。

4　農林業と環境保全──プラスの外部性──

　次に、外部経済効果の場合についても、例を挙げて同様の考え方を確認しておきたい。

　外部経済効果の例としては、本書の後半第Ⅱ部で詳しく取りあげる農林業のもつ環境保全機能を例として考えてみよう。

　第6章で詳細は扱うが、農林業は環境に対して環境資源の保全管理者としての顔を持っている。つまり、正しく管理された農林業の生産活動は、水源涵養機能や水質浄化機能といった数多くの価値を社会の構成員に与えていると考えられる。しかし、プラスを与えながらそのことに対する報酬は何も受けておらず、市場取引の外に漏れた価値を社会に与えているという意味で、農林業生産はプラスの外部性を持っている代表的な例として考えられる。

　農林業生産をおこなう場合、農産物や林産物という生産物は、その価値は価格によって情報提供され、市場取引がなされてい

る。この生産物の市場取引を農林業の役割の中心と考えるならば、環境保全機能は副産物の供給をおこなっていると位置づけることができる。

　社会全体としてみた場合、農林産物の価値と副産物である環境保全機能の価値とを社会の構成員は享受しているわけであるから、両者を合わせたものが社会的便益といってよい。これに対して、需要として市場に出てくるのは、農林産物の取引にかかわる私的便益のみである。副産物として供給されながら評価されない環境保全機能の価値については、市場取引の外にあるため、外部便益と呼ばれている。

　この外部便益がもし全くないのであれば（外部経済効果がない場合）、社会的便益と私的便益は一致し、ズレは生じない。しかし、外部便益が存在すれば、その大きさの分だけの乖離が、社会的便益と私的便益との間に発生してしまうのである。市場取引としては農林産物の取引のみで決定されるため、適切な価格より低く価格が決定され、過小な生産活動の供給に落ち着いてしまうと考えられる。

　先の場合と同様、図を用いて確認しておく。

　図9に示すとおり、右下がりの需要曲線Ｄと右上がりの供給曲線Ｓが描かれ、交点であるＡ点という需給均衡点で価格と数量が決定することを出発点にする。

　ここで、需要曲線Ｄは、社会構成員の農林産物について、追加的1単位当たりに受け取る価値評価に対応する限界便益、特に私的限界便益に対応している。これは、通常右下がりである。

　次に、先に記した外部便益の大きさは、生産活動が変化して

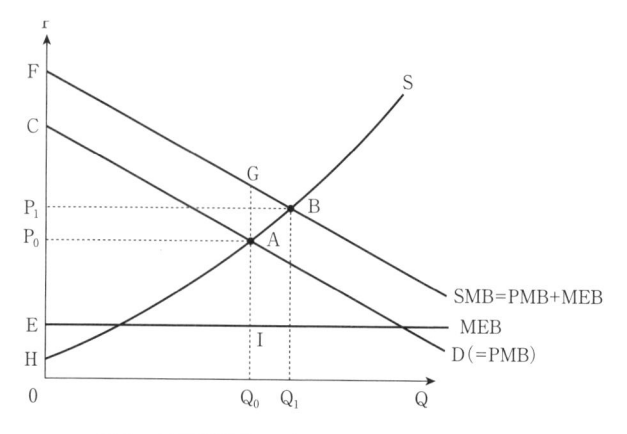

図9　外部経済効果がある場合

も、その増え方には変化がないと仮定しておこう。これは、限界外部便益を示す曲線が水平であると仮定しておくことを意味している。

　ところで、先にも示したように、社会的便益は、農林産物に関する私的便益と、社会に提供される外部便益とを足し合わせたものの大きさである。そうすると、追加的１単位当たりという限界便益についても、

　　社会的限界便益＝私的限界便益＋限界外部便益

の関係が成立するはずである。

　つまり、図に示すように、社会的限界便益曲線ＳＭＢは、私的限界便益曲線ＰＭＢに限界外部便益曲線ＭＥＢを縦方向に加算して導出される。つまり、限界外部便益の大きさだけ、私的限界便益曲線という需要曲線を上方に移動させたものが、社会

的限界便益曲線となるのである。

　この社会的限界便益曲線と供給曲線との交点をB点とすると、このB点が、本来の社会的に最も望ましい均衡点である。現在の均衡点Aは、このBと比べて過小な生産水準にあることは自明であろう。このA点からより望ましいB点に持っていこうというのが、政策対応の方向性になる。

　この乖離が資源配分の効率性を阻害しており、B点が資源配分の観点で最適点であることは、外部不経済の場合と同様の考え方で確認することができる。

　図のA点での取引を出発点として考えておこう。

　消費者余剰は三角形CAP_0、生産者余剰は三角形P_0AEの大きさに対応し、両者の合計は三角形CAEの大きさとなる。この場合、外部便益の存在ゆえに、四角形HIQ_00＝四角形$FGAC$の大きさのプラスの便益を社会の構成員は受けており、本来の社会的余剰の大きさは、台形$FGAE$で示される。

　他方、社会的限界便益曲線SMBと供給曲線Sとの交点Bで取引が成立する場合は、消費者余剰は三角形FBP_1、生産者余剰は三角形P_1BEの大きさで、合計の社会的余剰の大きさは三角形FBEとなる。

　この両者を比較すると、A点での取引の社会的余剰は、社会的限界便益をベースとしたB点での社会的余剰よりも、三角形GBAの大きさだけ小さくなっているのである。

　外部経済効果が存在する場合、需給均衡点での取引は、その過小生産のゆえ、三角形GBAの大きさだけ死荷重が発生し、社会全体としてみると経済効率が損なわれているといえ、A点

よりもB点の方が資源効率の面で優れており、B点の方、つまり価格が高く、生産を増大させる方が望ましいことがわかるのである。

このように、プラスであろうとマイナスであろうと、外部性が存在している場合には、通常の需給均衡点での取引は、最適な資源配分を保証してくれない。もし、望ましい状態を望むならば何らかの方法で修正することが必要なのである。

◎用語解説————————————————————

非排除性（non-excludability）：公共財の特徴を示す基本的な概念の1つで、経済学者のサミュエルソンが定式化したといわれている。非排除性は、お金（対価）を支払わない者を便益享受から排除できないという性質を指し、誰にでも平等にアクセスできるために、いったん供給されれば、社会の構成員全員が同量を等しく消費することになる。全員に等量消費させるほかはないという意味で等量消費となる。

非競合性（non-rivalness）：公共財の特徴を示す基本的な概念の1つで、財政学者のマスグレイブが定式化したといわれている。非競合性は、ある人の新たな利用が、他の人々がその財を利用できる量を減らさないという意味で消費が競合せず、利用者が増えても追加的な費用が伴わないという性質を指す。誰かが使っても他の誰かが使えなくなることがないために、社会にとってみれば、社会の全構成員に同量を消費させることが望ましいことになる。

ギモンをガクモンに

No.3

壊れた価格の替わりになるものを見つけよう!

　価格に必要な情報が含まれていないとき、それを修正するためにはどうしたらよいのでしょうか？　ある経済学者は、一見不思議に見える考えを提示しました。ふたりの人があるものの権利をめぐって争っているときに、それはどちらの権利が優位であっても、社会的に最適な資源配分の状態としては関係ないという考えです。なんだか突き放されたような考えですが、これはいったいどういうことでしょうか。

　環境問題に取り組むときに陥りやすい社会的な状況では、「だれが悪いのか」「だれが被害者なのか」わかりにくいことが多くあります。そんなときにこそ、この考えは有効な解決策にたどり着けるというものです。しかもその解決策にはいくつかの種類もあるようです。そんな不思議で便利な考え方を学んでみましょう。

第3章

価格シグナルを補うものとは？
——外部性の内部化と制度・政策——

キーワード

外部性の内部化／コースの定理／直接規制／
ビグー税／排出権取引

1　外部性の内部化とは？

　ここまでで述べたように、社会での経済活動に外部性が存在し市場取引から外に漏れたものがある、つまり価格という情報に入っていないものがある、といった価格シグナルにゆがみが生じている場合、外部性の存在を経済主体に意識させて行動させるようにすることはできるのであろうか？

　本章では、ゆがんだ価格シグナルを適切なものにするために外部性を内部に取り込ませること、外部性を内部化する方策に

ついて考えていくことにする。

その理由は前章でも説明したように、プラス、マイナスのいずれかを問わず外部性が存在している場合、市場での取引は、社会全体から見て資源配分の面で十分な効率性は発揮されておらず、望ましい水準と比べて過小あるいは過大な生産となっているからである。

こうした場合に、何らかの手段を用いて、資源配分上より望ましい状態に持っていくことが、「外部性の内部化」である。市場取引でそれまで外部性の存在に気づかなかった、あるいは考慮しなかった経済主体に、考慮の外にあった外部性を認識し、発生者の意志決定の内部に入れるようにするといった意味でこう呼ばれている。

この外部性の内部化を図るためには、

　①当事者同士の自発的交渉にゆだねる、

　②政府等が当事者に何らかの行動を変更させる誘因を提供する、

　③直接当事者の行動を規制する、

といった手段が考えられる。これら手段間の違いと特徴などを整理し、説明しよう。

2 ｜ 直接交渉とコースの定理

◆ 権利の所在と資源配分

市場でその取引をする当事者間には互いの利益になる関係が

存在している。言葉を換えると、利益がお互いにあるから取引がなされているわけであるが、こうした関係のことを互恵的な関係と呼んでいる。外部性が存在する状況において、その互恵的な関係に着目して、生じている外部効果を、自発的に内部化できることを強調したのが、シカゴ学派のロナルド・コースであった。彼は、市場の価格システムそのものによる当事者間の自発的な取引が、政府などの介入なしで、効率的な資源配分をもたらす可能性を明らかにしている。このことは、優先する権利の所在と最適な資源配分との関係として論じられることが多い。

　一般に、ひとつのある事柄に関して、複数の関係者がそれぞれ何らかの別個の権利を有していることは、数多くみられる。例えば、ある1つの物品について所有権を持つ人と利用権を持つ人が、別々であるようなケースである。あるいは家屋の財産権に対してその家屋によって影響を受ける日照権といったたぐいである。こうした場合、例えば所有権よりも利用権の方が優位にある、というようにいずれか一方の権利が他方よりも優先するというように考えるのが一般的である。この優先的に考えられる権利が、「優先する権利」である。この優先する権利がどちらにあるかということと、最適な資源配分との関係を考えるということである。

　通常、優先する権利の所在が定められ、その権利が侵害されれば、権利をもつものに対してその権利を侵害したものが当事者間の交渉によってお金を支払うなどの補償をおこなうことになる。環境汚染の問題で、汚染された側（汚染の「被害者」としよう）の環境権が優先するとなれば、その環境権を侵害した側（汚

染の「加害者」としよう）が「被害者」に補償金を支払うという形になる。逆にもし、「加害者」の汚染権・排出権が優先されるなら、「加害者」が権利を侵害した「被害者」からお金を受け取るということになるのである。この場合、汚染の「加害者」が権利の被害者、「被害者」が加害者ということになる。

　後者の「加害者」が「被害者」から補償される方は考えにくいかもしれない。しかし社会的な資源の配分という視点からみると、優先する権利の所在が変っても、つまり加害者と被害者が入れかわっても、最適な資源配分には何ら影響を与えることはなく、無関係だということを主張して驚かせたのが、コースの理論である。

　いったん権利の所在を定めれば、交渉によってだれがだれに補償するのかは定まるのだが、「加害者」か「被害者」のいずれかの側に権利があると決めさえすれば、そのことによっていずれが補償することになっても、そのお金の流れと最適な資源配分と交渉の結果とはまったく無関係であるということをこの理論は意味している。一見すると、被害を受けた側が補償金を支払うというのはどうにも納得しにくい話だが、それはどういうことなのだろうか。

◆ コースの例によれば

　コースは、説明に際して、以下のような例を用いている。
　農場と牧場とが隣接しており、牧畜業者は牧場で牛を放牧しているが、牛の頭数が増えるにつれてそれらが柵を乗り越えて、隣接する農場の穀物を荒らし、耕作農家の穀物生産に被害を与

表1　牛の頭数の変化と牧畜業者・耕作農民の利害の変化

牛の頭数	牧畜業者の収入	穀物の損失額	社会的純利益
0	0	0	30
1	3	1	32
2	6	3	33
3	8	6	32
4	10	10	30

えるという場合である。これは、アメリカ中西部の開拓時代に頻発した、同一地域を放牧地として利用する牧畜業者と農場として利用する耕作農民との間の争いを話のベースとしている。

　こうしたテーマは、しばしば西部劇の世界で見られたものであるが、前提となる時代背景を考えてみると、必ずしも耕作農民が被害者と決めつけられない側面を持っている。というのも、耕作農民が東部から移り住んでくる前から、牧畜業者は放牧という形で移動しながら牧草地として利用していた歴史があるからである。簡単にどちらに優位性がある権利を持っているとは決めづらいのである。

　コースは、こうした問題に対して、表1に示すような簡単な数値例をもちいて、「取引費用が無視できる場合」という前提つきながら理論を展開し、最適な土地利用の形態は、どちら側に優先する権利があるにしても、最適な土地利用の形態は同じところになるということを示している。

　表1は、牛の頭数が0から4の間で変化した場合の、牧畜業者の収入の変化と耕作農民がおこなっている穀物生産が受ける

損失額を示し、それに基づいて両者からなる社会の純利益を示したものである。なお、表に示されていないが、この表の背景として、耕作農民の損失がない場合の収入は30と推測されるので、これを頭に入れて考えてもらいたい。

　もし仮に牧畜業者に飼育による作物侵害の権利を設定すれば、耕作農民は牧畜業者に頭数を減らしてもらうための交渉をおこない、その補償として耕作農民から牧畜業者にお金を支払う方向で交渉が進んでいく。つまり、4頭を出発点に、頭数を減らしていき2頭というところで落ち着くと考えられる。

　逆に、耕作農民に作物を侵害されないように優先する権利を設定すれば、牧畜業者はできるだけ頭数を増やしたいので、増やす方向の交渉をおこなうが、そのためには牧畜業者から耕作農民に補償金を支払うという形で交渉は進んでいく。この場合は、0頭を出発点に、頭数を増やさせてもらう形で交渉が進み、この場合も2頭が交渉の落ち着きどころとなる。

　ともに2頭が交渉の落ち着きどころで、しかもこの時、社会的純利益は一番大きくなっているのである。

　どちらに優先する権利を定めても、最終的に落ち着く交渉の着地点には変わりがなく、その時最適な資源配分が達成されているというのがコースの定理のエッセンスである。

　社会的利益の最大化においては、権利がどちらにあるかは無関係であり、外部性の内部化には優先する権利の所在さえ確定すれば十分であるということを意味している。

　さらに厳密に言えば、取引費用と分配効果とが無視できるほ

ど十分に小さい場合、外部効果を発生させている経済活動について、どちらに優先する権利が与えられているにせよ、当事者同士の自発的な交渉によって最適な状態に達することができるのである。

◆ コースの定理の意味するもの

コースの定理がもつ意味や意義についてもう少し考えておこう。

先に環境汚染の問題について、加害者に権利の設定をおこなえば、加害者が被害者からお金を受け取るという形で交渉は進むが、これは一見して考えにくいかもしれないと書いた。本当にそうなのであろうか？

たとえば、滋賀県民による琵琶湖の水質汚染が、淀川を通して大阪府民に損害を与えるという問題は、裏返してみれば、大阪府の存在が、淀川を通して上流の滋賀県民が琵琶湖を自由に使う権利を制約し、大阪府民が滋賀県民に害を及ぼしているとみることもできる。この問題については、現実として大阪府は琵琶湖の水質保全費用の一部を負担するという形でお金が流れており、単純にいずれが被害者・加害者と割り切るのが難しい問題といってよい。

このように優先する権利がどこにあるかを定める根拠が明白だと言い切れるものはあまりなく、問題となっている面以外の側面を考慮して権利の所在と配分は考えなければならない例は、しばしばみられるのである。

発展途上のまだ貧しい諸国が経済発展をしていくプロセスで、

二酸化炭素のような温室効果ガスを多く発生させたとしても、これを汚染の加害者とみなし、その被害者としてすでに豊かになっている諸国の人々に補償金を支払うというようなことは、明白にだれもが納得しうるとはいえないだろう。逆に途上国に汚染権というものを設定して、汚染の削減を図るためのお金を先進国が負担するということの方が理解しやすいのではないだろうか。

　これは、汚染だけみれば被害者といえる被汚染者が、所得配分という別の側面からみれば、必ずしも弱者とは限らない、つまり、汚染の加害者である汚染者が所得配分では弱者である可能性があるからである。

　こうしたことを考えると、単純にその外部性においていずれに権利があるか、たいへん決めにくいものとなる

　そのような場合でも、社会的利益の最大化には、優先する権利を決める際に何を基準にするかは、加害者・被害者という構図にこだわらなくてもよいことを意味している。

　さらに、コースの定理は、汚染削減のために補助金という政策手段を汚染者に出すことが認められる、というもう１つの政策的含意も持っている。

　環境汚染問題において通常イメージされるのは、汚染をすることがコストと意識できるように、汚染の加害者が補償金を被害者に対してだすことで、汚染を削減させようというものであろう。しかし、コースの定理によれば、汚染の被害者が、加害者である汚染者に対して補償金を支払うという逆の方向での対応をおこなっても、その汚染を同程度削減させることができる

とされる。このような対応でも社会的には認められるということである。これは、汚染の加害者に対して、汚染削減のために被害者の税金から加害者に補助金が支払われることが認められることを意味している。

とはいえ、コースの理論では前提条件があったことを思い出して欲しい。取引費用が無視できる、というものである。取引費用は、直接的な交渉において、合意に達するまでの費用すべてを意味するが、これは交渉にかかわる人数や組織の規模が小さいほど低くなる傾向がある。また、相互の依存関係が複雑なために、外部性の数量的な確定が困難な場合、直接的な交渉はうまく進まない可能性があり、こうした時には取引費用は大きくなると想像される。したがって、コースの定理は、比較的少人数間で、因果関係の明らかな外部性が発生している場合の交渉について考えたものと理解した方がよい。実際、現実の市場でのやり取りのでは、多くの場合外部性はすでに内部化されているものと考えられる。

コース自身、単純にこの定理を用いて、外部性を内部化させることができ、問題の解決を図れるとは考えてはいなかったと思われる。むしろ、権利の所在の決定と効率的な資源配分とは独立であり、このことを踏まえて問題解決への道を探ることの重要性を示してくれていると理解すべきである。

3 政策手段としての直接規制

コースの定理によれば、権利の所在が特定しにくい場合、被

害者・加害者のいずれでもない第三者、具体的には政府や自治体などの公的機関が補助金や罰金などによって介入しても、社会的には資源の最適配分が可能となると考えられる。

このような政策的対応によって、外部性の内部化を図り、資源配分上より望ましい状態にもっていくためには行政はどういう役割を担い、どういう手段を用いて実現できるのか、といったことが重要となってくると考えられる。

こうした外部性を内部化するという目的に対してとられる政策の手段は年々多様化してきているが、①直接規制、②経済的手段（課税、補助金、排出権取引、デポジット制度など）、それに③自主的な取り組みを促す手段を加えて、大きく３つに分けて考えられることが多い。

適切ではない環境利用の状態を改善しなければならないという問題に直面した場合、通常まず提案される方法は、政府が環境汚染発生者の行動を直接制限するという、命令・統制的な手段、つまり直接規制であろう。

維持すべき環境基準を設定し、遵守すべき法的な義務が明示されたうえで、違反者に対しては法的な賠償義務を負わせるという形をとることが多く、法的解決方法と呼ばれることもある。

これは、環境汚染などで加害者が明確であり、一般に理解されやすいということから最初に採用されることが多い。硫黄酸化物や窒素酸化物などの排出規制、航空機の騒音規制、さらに農薬や肥料等への規制がこれにあたると考えられる。

しかし、環境に望ましくないとされる効果の多くは、本来の有益な効果を生んでいる行為に付随して起こる副作用であるこ

とが大半である。したがって、環境悪化をもたらす行動の全面禁止は、本来の有益な効果が生まれることを禁止したり制限したりすることになるという問題を必ず併せ持っているということには、十分注意しておくことが必要である。

環境汚染に対する直接規制の政策的な具体的手法としては、総量規制と排出基準規制があげらる。総量規制は、汚染物質の排出総量に一定の上限が設定されるものであり、排出基準規制は、活動を通じて発生する汚染物質の排出率を制限するものとされている。

これらの直接規制は、企業や組織といった事業者がそれを遵守する限りは、目標とする汚染の量を確実に達成できるというメリットを持っているが、一方その運用の仕方次第では非効率を生みがちであることが指摘されてきた。問題となるのは規制量の事業者への割り当ての仕方である。この割り当てによって非効率を生む可能性が大きいという問題を抱えているのである。

どの事業者にも一律に何パーセント削減を強いるという方法は、政策的には実行がたやすい方法である。しかし、これは、汚染物排出の少ない事業者に対しても、多い事業者にも一律で削減を求めることになる。規制の効果を考えれば、排出の多い事業者に多く削減させるべきところそうではないことから、資源配分に関して非効率を生じさせることになるのである。配分率を適正にすれば、こうした非効率の発生を抑えることは可能であるが、そのためには多くの個別の詳細な情報が必要であるという問題を抱えている。

4 | 経済的手段と呼ばれるものは？

◆ 利害関係者を同一主体にすれば？

法的手段に対して経済的手段といわれる、市場を何らかの形で利用して、問題の解決を図ろうというものが数多くある。

まず考えられるのが、外部効果を与えている経済主体と外部効果を被っている経済主体、つまりは加害者と被害者の立場にある双方を意思決定の単位として統合してしまうという方向である。

外部効果の出し手と受け手という両者、関連する企業・組織を合併させることができれば、そのことにより、考慮の外にあった項目が内部に取り入れられるというシンプルな考えに基づくものである。

とはいえ合併や統合というものは、現実問題としては容易なものではなく、また消費者が当事者の一方である時には、そもそも統合は不可能といえる。このように実現可能なケースとしては限られるが、この考え方そのものは、十分に考慮しておく必要があると思われる。

◆ 課税や補助金を使えば？

つづいて、経済的手段の中心をなすものとして、政府や自治体が金銭という経済的なインセンティブを用いて、間接的に汚染者の行動を誘導しようというものがあげられる。先ほどの法

的規制と同様に、政府・自治体など行政によるものとなる。

　環境問題は、もともと環境資源というものには市場がなく、市場価格が欠如しているため起こっているといえる。多くの自然や大気などの環境資源に対して、あたかも価格がゼロであるかのように人々が行動するため、過剰に利用され、環境破壊が進んでしまう。こういった環境資源を適切に利用するために、あたかも環境資源に価格をつけるように、市場の働きを活かして、適正な利用水準に人々の行動を誘導させようという考え方に基づいたものである。

　このカテゴリーに分類される代表的なものとしては、環境税や課徴金、環境補助金、排出権取引などがあげられる。特に、環境税や課徴金さらに環境補助金は、いまでは外部性の内部化の中心施策を形成しているといっていいだろう。

　たとえば、環境税や課徴金というのは、マイナスの外部性を発生させている経済活動を抑制するために、その活動に対して租税を賦課するという方法である。これを考案した経済学者の名にちなんで「ピグー税」とも呼ばれている。

　前章で述べたように、外部不経済効果がある場合、これは私的費用と社会的費用との間で外部費用の大きさだけの乖離が発生することから起こっている問題である。外部費用を私的な費用として認識しないがために、最適な需給均衡点とズレが発生して過大生産となっていると考えられるから、この外部費用に相当する大きさを税というもので費用として意識させようという発想である。

　同様に、外部経済効果がある場合は、私的な便益と社会的な

便益とに乖離が発生しているわけであるから、外部便益があることを補助金というかたちで意識してもらい、生産を増やそうという発想から生まれたものは「ピグー補助金」と呼ばれている。

　ピグー税は、外部不経済効果の発生者に対して、外部不経済効果を減少させるインセンティブを与えようというものであるが、同様のインセンティブは、外部不経済効果の発生者に対する補助金という手段によっても与えることが可能であることには、注意が必要である。

　つまり、過大になっている生産を削減すれば補助金をもらえるようにするのである。本来生産をおこなわなければもらえた補助金収入が、生産をすることで失われるわけであるから、これは生産することの費用として考える必要がある。これに基づいて生産者は行動するはずであるという考えに基づくものである。こうしたものは、「ピグー的補助金」と呼ばれ、先の生産を増やすためのピグー補助金とは区別される。

◆ ピグー税とピグー的補助金　1

　外部不経済効果を出しながら生産活動をおこなっている場合を例として、図を用いながら、ピグー税とピグー的補助金の同値性について少し考えてみよう。

　図10は、前章の図8で示したものと同様の状況を示したものである。

　つまり、右下がりの需要曲線Dと右上がりの供給曲線Sとの交点Aが需給均衡点であり、需要曲線と社会的限界費用との交

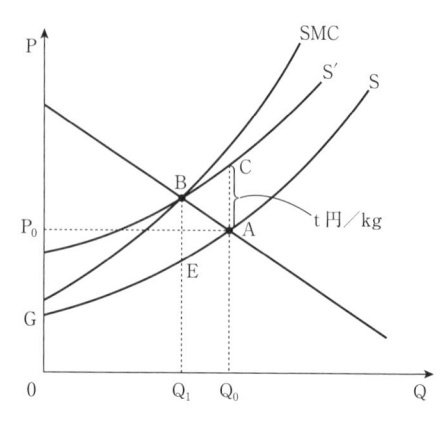

図10　ピグー税とピグー的補助金の同値性①

点Bとの間にはズレが生じている。外部費用として価格情報から漏れるものがあり、これが私的費用としては意識されず、社会的費用と私的費用との間に乖離が発生しているからである。

このA点から資源配分上望ましいB点に持っていくために、ピグー税とピグー的補助金というそれぞれの手段を使おうというのである。

まず、ｔ円／kgというピグー税が課されたとしよう。

単位生産量当たり一定金額の税が課されると、これは生産をするに際して、単位量当たりｔ円の大きさだけ限界費用が大きくなることを意味する。つまり、課税をコストとして意識して行動することになり、図でいえば供給曲線がSからS´に上方向にｔ円の幅だけ平行移動することになる。

ここで、課税単価ｔ円を、図の上でＢＥ＝ＣＡとなる大きさに決めれば、課税後の供給曲線S´と需要曲線Dとの交点はB点となり、新たな需給均衡点は社会的に見て最適な資源配分を満たすところとなるのである。つまり、ｔ円という課税をすることで、B点に誘導することができるというわけである。

これに対して、同額のピグー的補助金が支出される場合はど

うであろうか？

　現在の生産量Q_0から生産を削減することに対して削減量1単位当たり同額 t 円という補助金が支出される場合である。

　極端な場合を考えてみよう。Q_0から生産を削減してもし生産量がゼロとなった場合、四角形ＣＡＧＦ（＝$Q_0 \times$ t）の大きさに相当する補助金がもらえるはずである。ところが生産をおこなえば、生産しなかった場合にもらえたであろう補助金収入を捨てること、つまり生産すると失う費用であり、これはまさに生産をすることのコストと位置づけることができる。

　 t 円という単価は単位当たりのコストの増加分に当たり、先のピグー税の場合と同様、供給曲線はS′に上方向に平行移動すると考えられる。そして、Ａ点からＢ点にこの補助金によっても誘導可能なのである。

　違うのは、ピグー税では、四角形ＦＧＥＢの大きさだけの税による財政収入が政府に入ってくるのに対して、ピグー的補助金の場合では四角形ＣＡＥＢの大きさの補助金を支出するという財政支出が必要となる点である。これは生産者の所得が減るか増えるかという所得分配効果によって、長期的には、生産者の行動に違いが生まれてくると考えられることには注意が必要である。しかし、短期的には資源配分の最適化にはピグー税とピグー的補助金は、まったく同様の効果をもたらしてくれるものと考えられ、両者は効果の面で同値性を持っていると呼んでいる。

　このように税や補助金という手段を用いて、Ａ点からＢ点という望ましい状態に持っていく場合、その税や補助金の単価をＢＥという大きさの幅に決定することが前提となる。しかし、

現実には具体的な単価の大きさを確定するために多くの詳細な情報が必要となり、すべての必要な情報を得ることはきわめてむつかしい。その情報を得るための膨大な費用を考慮すると、税や補助金を課したり出したりしながら、最適な単価を探すという形がとられがちである。

◆ ピグー税とピグー的補助金 2

　ここまでは、生産に対して課税したり、補助金を出したりという形で生産を削減するという方向で考えてきた。これは生産そのものを対象としてではなく、排出量をユニットと考え、その排出量1単位当たりを対象として課税したり、排出量削減1単位ごとに補助金を出すと考えても同様のことが言える。

　簡単にこのことも図を用いて確認しておこう。

　図11は、縦軸に金額、横軸に排出物の数量をとり、右下がりの排出物からの限界利益を示す曲線ＡＢを描いたものである。排出物からの限界利益曲線ＡＢは、企業が生産活動をおこなう際に必ず必要となる副産物として排出物を捉え、これをあたかも生産要素のようにとらえて、その限界価値生産物曲線を導き出したものと考えてよい。

　排出物を出すことで生産量は増え利益も増えていくが、増え方そのものは次第に小さくなるという限界生産力逓減、限界利益逓減という傾向が右下がりとなって表されている。

　価格のついているものであれば、価格ラインを示す水平線とこの右下がりの曲線とがクロスするところで、その需要量が決定されるはずである。しかし、通常排出物には価格がないので、

排出を増やしていって利益が新たに生まれなくなるB点まで、排出量そして生産量を増やしていくと考えられる。

もし価格がついていれば、排出量はもう少し

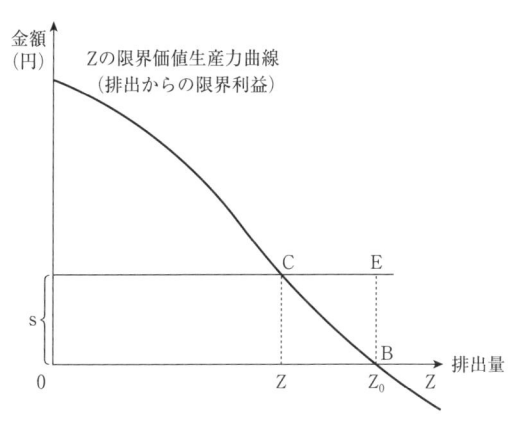

図11　ピグー税とピグー的補助金の同値性②

少ない水準で生産活動は抑えられたはずである。この価格の代わりになりうる疑似的な価格情報のようなものとして、ピグー税やピグー的補助金を使い、生産を削減しながら、排出物を削減しようとするものである。

排出量一単位（例えばkg）当たりs円というピグー税が課せられたとしよう。

縦軸の高さsからの水平線が課税水準を示している。排出物を出すことに課税されるわけであるから、この高さが示す企業から出ていく金額と、限界利益曲線の高さが示す企業に入ってくる金額とが、追加的1単位当たりで一致するC点が均衡点といってよい。

これよりも排出量を増やせば、新たに得られる利益の増分よりも、新たに支払う必要が出てくる税金支払いの増分のほうが大きくなり、総利益を減らすことになる。また、逆に排出量を

もっと減らせば、節約できる税支払いよりも利益の減少の方が大きくなり、この場合も総利益を減少させることになる。という意味で、C点での意思決定が、利益を一番大きくする企業としての合理的な行動とみなされ、排出量をZ_0からZ_1に減少させる効果をピグー税は持っているのである。このとき、政府にとって得られる税による財政収入は、四角形sCZ_10の大きさとなっている。

これに対して、排出量を現状のZ_0から削減することに対して、kg当たりs円の補助金が支払われるというピグー的補助金の場合も同様の削減効果をもたらすことを示すことができる。

もし、まったく生産をおこなわなければ排出量がゼロになり、四角形$sEB0$の大きさの補助金を受け取ることができるはずである。ところが、生産をおこない、排出物をだすことで、このもらえたお金はもらえなくなるわけであるから、生産をすることで失われる金額そのものを、企業はコストとして意識し行動するはずである。

そのために、コストを示すsからの水平線と、限界利益曲線との交点で意思決定をして、排出量をZ_1に削減する行動がなされるものと考えられる。その際、政府から企業に支払われる補助金は、四角形$CEBZ_1$の大きさとなっている。

以上のように、ピグー税やピグー的補助金は、生産量単位で考えても排出量単位で考えても、ともに短期の効果は同値性を持つことが確認できた。

ただ、どちらの場合も、課税単価や補助金単価の決定に関して、政策当局にとって多くの情報が必要であることには変わり

はない。

◆ 排出権という権利の売買

　ピグー税の場合もピグー的補助金の場合も、あるいは直接規制であっても、効率的な資源配分の状況を実現するためには、詳細な情報がどうしても必要で、それを入手することには大きな困難が伴うという問題点が存在する。

　この問題を解決するために考えられてきたものに、排出権や汚染権といった権利に関して売買取引をおこなうという方法がある。排出権取引と呼ばれ、コースの定理において議論した権利に注目しつつ、この権利の売買市場を設け、権利許可証をお金でやり取りすることを可能にすることを通して、外部性を内部化させようとしたものである。

　一般的には、まず、汚染物を排出する企業や組織は、それぞれ任意の量の汚染物を排出する権利を排出許可証という形で割り当てられる。これがなくては汚染物を排出できないし、そのもととなる生産もできない。もし、実際の排出量が自身の割り当てられた排出許可証の量よりも大幅に超過していれば、他の企業や組織からその分の排出権を購入しなければならず、逆に余るようならば売却することができるということを前提としている。

　コースの定理が前提していたような利害関係者間の直接交渉ではなく、取引市場を設けて、この市場という場で排出許可証という証券を自らの生産に応じて購入したり売却したりすることで、環境汚染という外部性をコストとして意識し、これを市

場に取り込み、内部化するのである。

もう少し、経済学的な意味を確認しておこう。

汚染物は、そもそも市場で取引される財の生産に伴う、市場では取引されない副産物、表現を変えると生産になくてはならない原料・投入財と位置づけることができる。

この副産物を市場という枠組みに組み入れ、そのことを通して外部性を内部化させようというのが、ピグー税に代表される経済的手段を用いた対策であった。ピグー税の場合は、価格というシグナルとして租税を位置づけるというものである。

これに対して、汚染物そのものに代わって、市場取引の対象とできるような排出する権利の許可証を導入して対応しようというものが、排出権取引の基本的な考えである。

政府のような公的機関が、一定量の汚染物排出の権利証券を発行する。これを入手するには一定の金額が必要となる。しかし、コースの定理が示すとおり、その配分そのものは任意で別個の基準に基づいても何ら問題はない。全体として一定量の許可証を発行さえすれば十分なのである。汚染物が原料として必要な生産者は、必要となる汚染物の排出量に見合った排出許可証を購入して、手元に保持することで初めて汚染物を排出することが許されるのである。

このことを簡単な図を用いて説明しておこう。

図12は、先の図11と同様、縦軸に金額、横軸に排出物の数量をとっている。A社とB社という2つの企業を考え、それぞれの企業が、排出物からの限界価値生産物曲線に対応する形で、排出物に対する右下がりの需要曲線が、それぞれD_AとD_Bとい

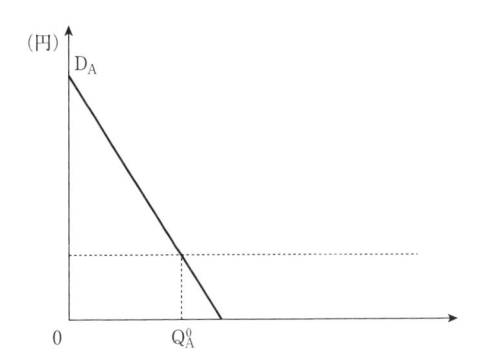

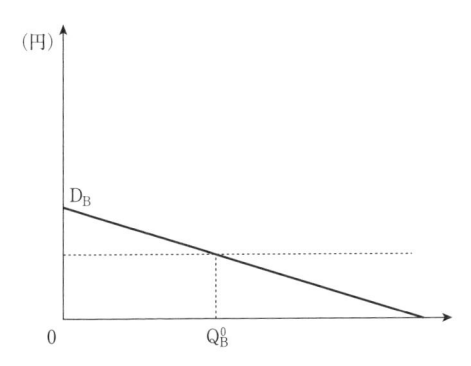

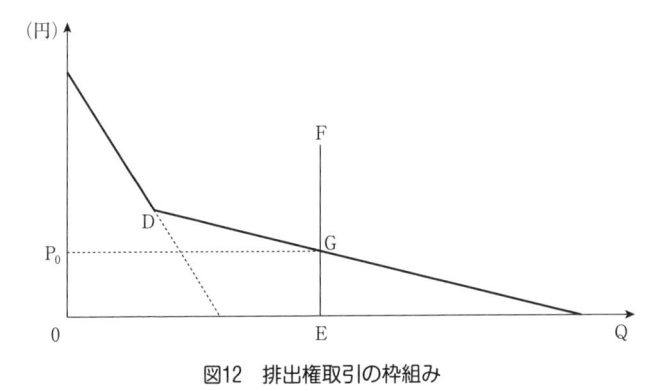

図12　排出権取引の枠組み

う形で描かれている。Ａ社の汚染物に対する需要曲線がD_A、Ｂ社の汚染物に対する需要曲線D_Bというわけである。

　なお、ここで汚染物に対する需要といっているのは、汚染物を、これがなくては生産ができないという意味で、一種の生産にとって不可欠な投入要素とみることによっている。つまり投入要素に対する派生需要曲線として、それぞれの限界価値生産物曲線を対応させているわけである。

　それぞれの需要曲線の下の面積は、それぞれの企業の生産金額に対応するので、この図は傾き等の形状は異なるが、生産金額は同程度の企業であることを示している。Ａ社は汚染物を出すのが少なく、Ｂ社は汚染物の排出が多い企業と見受けられる。この２社だけからなっていると仮定しておこう。

　そうすると、汚染物に対する社会全体の需要曲線は、この２つの需要曲線（D_AとD_B）を水平方向に足し合わせたものになるので、折れ曲がった形のＤが導かれる。

　いまもし、政府が発行する許可証の総量が、ＯＥと定められれば、この許可証の供給曲線は垂直線ＥＦとなり、先の社会全体の需要曲線Ｄとの交点Ｇが許可証取引の需給均衡点となる。そして、許可証の価格は、P_0の水準と定まる。

　この価格をもとに、Ａ社はQ_A^0、Ｂ社はQ_B^0の量、汚染物排出に必要となる許可証を購入し、これをもとに汚染物を排出しながら生産活動をおこなうと考えられるのである。

　この行動は、先にピグー税やピグー的補助金の話の時の行動と全く同じものとなっている。税や補助金の単価で示される疑似的な価格に基づいた場合と同様の資源配分がなされるのであ

る。

　ピグー税やピグー的補助金との根本的な違いは、税や補助金の場合、最適となる単価を発見することが求められ、そのための情報収集は困難を極めると想像されるのに対して、この排出権許可証の取引市場の場合は、その価格を決定する必要がない点にある。社会的に見て最適な汚染量に対応した許可証を発行すれば、価格はメカニズムに基づき決定されるという点に特徴を持っている。

　さらに、許可証の発行量についても、取引に当該企業以外の外部不経済効果を受ける組織も参加可能とすれば、最適な発行量さえ知らなくていいという特徴も併せ持っている。というのも、外部不経済効果によって被る損失を少なくするために、被害者側が被害を受ける分の許可証を購入してその分の生産はおこなわせないという行動が考えられるからである。

　このように排出権の取引は、排出量を一定水準に規制するという目的に対して、政府が生産者の費用にかかわる情報などを知ることができなくても、効率的な資源配分を達成できるという大きな特性を持っている。

　このように優れた手段と位置づけることはできるが、これもうまく機能するためには、いくつかの条件を満たすことが必要といわれている。たとえば、許可証の範囲での生産が守られているのかをモニタリングする監視制度の充実が必要となる。また、このモニタリングで違反が見つかったときには、相応のペナルティを科すことが重要であるが、そのペナルティの実施に十分な強制力を持たせられる条件を満たさなければ現実的には

機能しないだろう。

◆ 自主的な取り組みの促進

外部性を内部化する手段として最後にあげられていた、自主的な取り組みを促す手段について簡単に説明しておきたい。

これは、大きく2つのものからなっている。

1つは、政府等の行政と産業界や企業とが特定の目的について交渉・合意形成をおこない、目標とタイムテーブルを設定して目的達成を促す自主協定である。

もう1つは、環境汚染の大きな排出者とそうでない者、あるいは環境負荷の高い商品とそうではない商品とを消費者に見分けられるようにする情報公開とそのための情報基盤の整備である。具体的には、認証制度や表示制度、これらに基づくラベリングなどが実施されている。この点については、第8章で農業や食料に関する制度で少し詳しく説明している。

5 ｜ 環境政策手段のその他の類型化

外部性の内部化という視点での3つの分類に沿って、環境政策手段のエッセンスと特徴を整理し説明してきた。

しかし、この視点以外からも政策手段は多様な展開をし、類型化され整理されてきている。これらを紹介することで本章を締めくくることとする。

まず、2000年に閣議決定された第2次環境基本計画では、直接規制的手法、枠組み規制的手法、経済的手法、自主的取組手

法、情報的手法、そして手続的手法という6つに分類している。

　ここでの直接規制的手法とは、最低限守らなければならない基準を設定して、罰則などを設定して順守することを義務づけるものを指している。枠組み規制的手法は、目標や一定の手順を義務づけるものを指し、禁止事項などは特段定めていないものである。自主的取組手法は、環境マネジメントシステムなどの各種の認証取得用意する手法、情報的手法には、エコマークやエコラベル、環境報告書、環境教育などが含まれる。手続的手法としては、環境アセスメント制度などがあげられる。

　森昌寿（森昌寿・孫穎・竹歳一紀・在間敬子『環境政策論──政策手段と環境マネジメント』ミネルヴァ書房、2014、3頁）は植田和弘の分類をベースに、7つの異なった手段に大きく分類している。

　つまり、縦糸に直接的手段と間接手段という2つをとり、横糸には公共機関自身による活動手段、原因者を誘導・制御する手段、契約や自発性による手段という3つをとり、クロスすることで6つの分類を考え、さらに基盤的手段をくわえた7つの手段にわけて議論している。

ギモンをガクモンに

No.4

マイナスの価格による取引とはどういうこと?

　モノにはそれに見合う価格がついています。しかし、ときにはマイナスの価格、つまりはそれを相手に受け取ってもらうには、お金をわたさなければならないことがあります。たとえばゴミの収集です。ゴミの収集日に引き取りに来てくれるのはただではありません。あなたの払った税金が使われています。モノをあげたのにあなたはお金を支払っているのです。ゴミだけではありません。使わなくなった機械や、製造過程で出た不要な廃棄物、農業では市場に出せない農産物や家畜の糞尿など、お金を払う必要があったり、労力を必要としたり、「マイナスの価格」をもったモノとして扱われます。

　このマイナスの価格をもったモノの取引には、どんな特徴があるのでしょうか?　情報という視点からみるとき、プラスの価格で取引される通常の市場取引とはちがった面と、そこから生じる問題が浮かび上がってきます。

第4章

ゴミ（廃棄物）処理問題とは？
——循環型社会と静脈流通——

キーワード

バッズ／逆有償／リサイクル／デポジット制度／逆選択

1　ゴミ・廃棄物とは？

　前章までは、市場の失敗の中心を占める外部性という枠組みで環境問題をとらえ、この外部性の内部化という形で対策・方策を考えてきた。

　環境問題を考える場合、多くの問題はここまでで整理してきた外部性の内部化で考えることで十分であろうが、この枠組みから少しはみ出す問題として考えなければならないものに、廃棄物とその処理にかかわる問題がある。

　本章ではゴミという廃棄物の処理について、経済学の目を通

してその特徴を明らかにし、廃棄物問題がもつ課題も明らかにしておくことにしたい。

　まず、ゴミ・廃棄物とは、どういうものを指しているのであろうか？　当たり前のような問いだが、実際にはゴミなのかどうか、線引きは意外に曖昧である。まずはここから考えてみよう。

　わが国において、廃棄物とは何かということについて、「廃棄物の処理及び清掃に関する法律（廃棄物処理法）」の第2条において次のように規定されている。「ごみ、粗大ごみ、燃え殻、汚泥、ふん尿、廃油、廃酸、廃アルカリ、動物の死体その他の汚物又は不要物であって、固形状又は液状のもの（放射性物質及びこれによって汚染された放射性廃棄物を除く。）をいう」。排ガスなどの気体は含まれないが、冒頭の「ごみ」という表現にしても、厳密な定義などは見られない。

　廃棄物の定義的なものについては、「占有者が自ら、利用し、又は他人に有償で売却することができないために不要になった物」との解釈が旧厚生省環境衛生局環境整備課長通知により示されている。つまり、自分で利用したり、他人に有償で売却したりできないために不要となったものを廃棄物といっている。経済学では、バッズというマイナスの価格を持つものという規定があり、次節ではこのバッズという視点で詳しくみることになる。　ちなみに循環型社会形成推進基本法においては、その目的からか、有価物・無価物の別を問わずに廃棄物をとらえているようである。

2　ゴミを経済学の目で見ると？

このように定義されているゴミ（廃棄物）という財の特徴を、経済学の基本的ツールである需要曲線と供給曲線を用いて、整理しておくことからはじめたい。イメージしやすくするために、具体的に、農業で問題ともなる家畜糞尿を例として考えておこう。

図13-aのように、横軸に糞尿の量（Q）を、縦軸に糞尿の価格（P）をとった平面を考えてみよう。ここで、右上がりの曲線SSは、畜産農家が出す家畜糞尿の供給曲線を示し、また家畜糞尿に対する需要曲線は、右下がりのDDで示されている。

ここで示した図の場合、SSとDDの交点Rで需給均衡し、生産量かつ需要量はQ_0で市場価格はP_0となることがわかる。しかし、この場合、均衡点Rは、通常の場合とは異なり、第4象限に存在しているため、P_0はマイナスの価格となっている。

しかし、マイナスの価格とはどういうことであろうか？

通常の商品は、物の流れと反対方向に金銭が流れるのが普通だろう。つまり、ものと交換にお金を受け取るのであるが、逆に物にお金をつけて相手に渡すこと、これがマイナスの価格という意味である。

では、どのような商品であろうとも、マイナスの価格がつく可能性はあるのであろうか？

マイナスの価格がつくには、ある条件が満たされる必要があるといわれている。つまり、その財に余剰が出てたまり過ぎる

と困るため、余剰を存在させてはならないという社会としてのルールがあり、コストをかけてでもそれを処分・処理することが必要と判断されること、これがマイナスの価格が出現しうる条件である。処分が必要で、処分にお金がかかるということだ。

これに対して、たとえば空気などは、余りがあっても何ら困らないので、価格がゼロというフリー・グッズ（自由財）となり、マイナスとはならないのである。

また、マイナスの価格をとる財に対しては、通常の商品がグッズ（goods）と呼ばれることとの対比から、バ

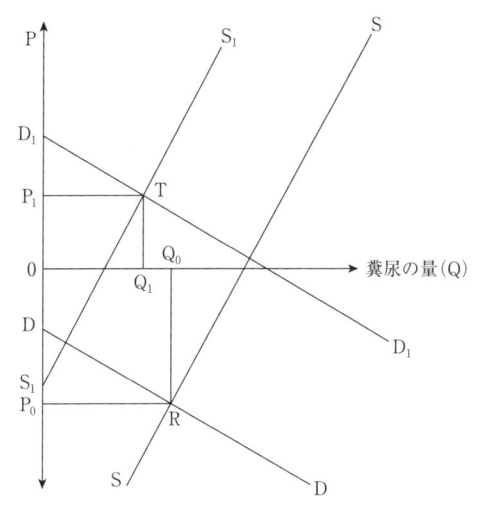

図13-a　家畜糞尿の需給均衡

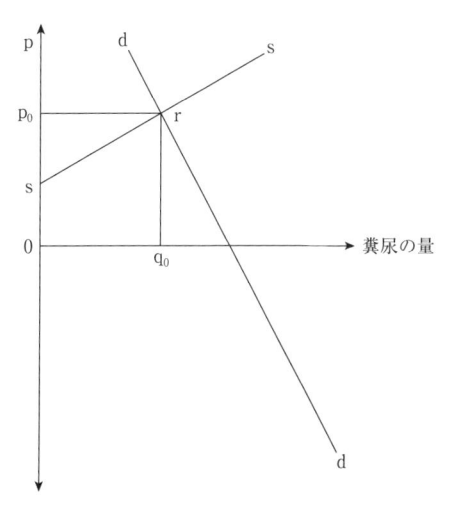

図13-b　家畜糞尿処理サービスの需給均衡

ッズ（bads）とも呼ばれ、この代表例がここにあげた家畜糞尿のような廃棄物の類である。

　すべての廃棄物が必ずマイナスの価格をつけるとは限らず、場合によってはプラスの価格がついて取引がなされる可能性があることには注意が必要であろう。ここで例に挙げている家畜糞尿の場合でも同様のことがいえ、実際に過去には価格がついて取引されていたことも十分認識しておく必要がある。

　上方落語の話の中で、しばしば京都の町家の話が出てくることがある。そこの話の中で、近郊の農民（伏見あるいは賀茂のほうであろうか？）が、人糞をもらいに来て、代わりに畑でとれた野菜を置いていくといったことが語られている。これは物々交換という形ではあるが、お金に代わる野菜と廃棄物とを交換するという取引がおこなわれていたこと、つまりプラスの価格でやり取りされていたことを示すものとみることができる。

　先ほどの図13 - aでこのことを確認しておこう。

　化学肥料等に代表される代替財が生まれる以前、家畜糞尿の肥料としての価値が大きい時を頭に描いてもらおう。肥料としての価値、つまり耕種生産における限界価値生産力が大きい場合、家畜糞尿に対する需要曲線はもっと上方にあり、D_1D_1に位置していると考えられる。さらに、家畜糞尿の生産、つまり発生が少なく、供給曲線そのものももっと左方のS_1S_1に位置していたと想定される。そうするとこの場合、D_1D_1とS_1S_1との交点Tは、図に示されるように、第１象限に存在することになり、プラスの価格P_1を持つ場合も当然考えられるのである。

　逆に、時間の流れに沿って考えれば、プラスの価格P_1でもっ

てやり取りされていた糞尿という廃棄物が、需要曲線が下方（左方）にシフトし、供給曲線が右方にシフトすることによって、マイナスの価格を持つようになった、つまりバッズになってきたと考えられるのである。

このように、廃棄物とみなされるものでも、需給状況によって、プラスの価格がついたりマイナスの価格がついたりする可能性を持っている。言葉を変えれば、グッズにもバッズにもなりうるのである。

これに関連して、リサイクル運動が抱える問題にも触れておきたい。

地域ごとに古紙回収を子ども会がおこなっていることはよくあるだろう。月に１回や２回、子どもたちが古紙を回収してそれを業者に「販売」し、少額ではあるが売れたその代金を子ども会の収入として、運営資金の一部としているようである。お金ではなくトイレットペーパーなどと交換しているケースもあるだろう。

子ども会活動での古紙回収とその販売では、手間というコストをゼロとして、プラスの価格で古紙が引き取られるわけであるから、廃棄物はプラスの評価がついたグッズとして扱われている。実際に多くのリサイクル運動は、回収したものの販売から得た収入を資金の一部とし、それをもとに運動を動かしているように思われる。ところがリサイクル運動は、どうしても廃棄物を回収し、集めることに目が向けられがちである。これは、言葉を変えれば、焼却などに回るものを再利用のサイドにもってくるという形で、その供給量を増やそうというものであるか

　ら、供給曲線を右へ右へとシフトさせることを意味している。では、供給曲線が右方にシフトしていくと、どうなるのか。需要が変わらなければ価格は低下していき、ある点を超えるとマイナスの価格になってしまうという宿命を持っている。

　価格がマイナスになるのは先述のように処分にお金がかかることであり、運転資金が入ってくるのではなく、逆にお金を支払う必要が出てくる。こうなると次第に運動は行き詰ってしまう。こうしたことをきっかけに、リサイクル運動が壁にぶつかるというのはよく耳にしてきたように思う。

　では、この壁を乗り越えて、運動をさらに展開していくにはどうすればいいのであろうか？　供給曲線が右シフトしていく中で、価格をプラスの状態に維持するには、何が必要かはもう自明であろう。需要曲線も右方に上方にシフトさせていくことを常に考えていくことが不可欠なのである。

　需要曲線を右シフトさせるとはどういうことを意味するのであろうか？　それは、集められた廃棄物を資源として利用できる需要を増やし続けるということだ。つまり廃棄物利用の道を新たに生み続ける工夫が必要だということを意味しているのである。廃棄物の収集量を増やして供給曲線を右に動かすのであれば、収集したものをいかに生かせるかということを考え、需要曲線も右シフトさせることを合わせて考えねばならないのである。そうした基本的なことを、需給均衡の図は教えてくれている。

　話を戻そう。今度はこの図13－aを横軸である数量の軸を中心に、第1象限と第4象限とを反転（つまり、180度回転）させ

たものを考えてみよう。

　これが、図13 − bである。これは、結局のところ、家畜糞尿処理サービスの需給を示したものになっている。

　糞尿の供給者が処理サービスの需要者になり、糞尿の需要者はすなわち、買って処理をする人であるから、処理サービスの供給者になるという関係にある。

　そして、糞尿の供給曲線ＳＳは、処理サービスｄｄに、糞尿の需要曲線ＤＤは、処理サービスの供給曲線ｓｓに完全に対応するわけである。

　これらの対応関係の結果として、プラスの家畜糞尿処理サービスの価格ｐに対応するのである。

　このように、通常家畜糞尿に代表される廃棄物は、マイナスの価格がつく可能性を持ち、コストをかけてでも処理する必要性をもつ財である、というのが基本的な特質ということができる。

3　ゴミの排出量とゴミ問題

　廃棄物は、排出される場所や種類などによって、産業活動のプロセスで排出される産業廃棄物と家庭や事業所から排出される一般廃棄物に大きく２分類され、さらに後者の一般廃棄物は家庭廃棄物と事業系一般廃棄物とに分けられている。

　2013年度（平成25年度）における廃棄物の総量は、産業廃棄物約３億8,470万トンと一般廃棄物4,487 万トン、合わせて4億2,957万トンが排出されており、廃棄物の９割近くが産業廃棄物であ

る。

　産業廃棄物は、電気・ガス・熱供給・水道業から約9,799万トン（25.5％）、農業・林業から約8,296万トン（21.6％）、建設業から約8,035万トン（20.9％）、鉄鋼業から約3,076万トン（8.0％）、パルプ・紙・紙加工品製造業から約3,044万トン（7.9％）と、上位５業種で総排出量の８割以上を占めている。

　種類別排出量では、汚泥が約１億6,417万トン（42.7％）、動物のふん尿が約 8,263万トン（21.5％）、がれき類が約 6,323万トン（16.4％）と、上位３品目で総排出量の８割以上を占めている。

　産業廃棄物の処理状況については、再生利用量が約２億542万トン（53.4％）、減量化量が約１億6,756万トン（43.6％）、そして最終処分量が約1,172万トン（3.0％）となっているのが現状である。

　他方、一般廃棄物に関するごみの排出・処理状況は、ごみ総排出量が4,487 万トン、１人１日当たりのごみ排出量が958 グラムとなっている。

　ごみ処理の状況については、最終処分量が454 万トン、減量処理率が 98.6 ％、直接埋立率が1.4 ％、総資源化量が926 万トン、リサイクル率が20.6 ％と報告されている。

　ごみ焼却施設の状況については、ごみ焼却施設数はここ毎年減少し、１施設当たりの処理能力については微増傾向がみられる。

　最後に、最終処分場の状況は、残余容量は平成10年度以降15年間続けて減少傾向を示しており、最終処分場の数も平成８年度以降概ね減少傾向にあり、最終処分場の確保は引き続き厳しい状況にある。平成25年度末現在、残余容量は1億731 万㎥、残

余年数19.3年となっている。現状が続けばあと20年経たずに最終処分場所はなくなることになる。

　廃棄物にかかわる問題は、最終処分場の枯渇にかかわる問題、逆に言うといかに廃棄物を埋め立てる最終処分場を確保し、それをまた長持ちさせることにあるといわれることが多かった。しかし居住地近くに最終処分場が建設されることに対して、近隣住民が反対することも多く、最終処分場の確保はとりわけ難しくなっている。最終処分場の確保困難という問題に直面し、埋め立てという形で処理するという方法そのものが行き詰ってきたことだけは確かであろう。

　この最終処分場の確保が困難を極めることを前提に、廃棄物排出削減（リデュース）とともに、再利用（リユース）や再生利用（リサイクル）を進めて最終処分の量を減らすという方向性が考えられてきており、この頭文字Rの共通性をもとに３Ｒと呼ばれている。とはいえ、リユースやリサイクルを進める場合にも、大きな費用がかかる。たとえば、分別収集や保管、洗浄には大きな手間と労力などがかかり、その費用だけでも膨大である。その上で再利用のための処理の費用がかかることになる。そのため簡単に再利用に回せば良いということにはなっていないのである。

　しかし、処分場の枯渇は廃棄物処理の費用の高騰につながり、これがある水準にまで達すると、処分場を資源として用いる処理の方法よりもリサイクルという技術の方が割安となる可能性は高い。枯渇する資源である処分場に代替する技術（バックストップ技術）として、リサイクル技術を位置づけ直すことが必要で

あるとの指摘が注目されている。

4 ｜ デポジット制度とその役割

　つづいて、廃棄物の拡散を防ぎ、効率的に回収するという目的で、近年いろいろな場面で取り上げられるようになったデポジット制度（Deposit − Refund System：預り金払い戻し制度）について考えてみることにしよう。

　近年は、環境保全と結びつけて、リユースやリサイクルとの関連で取り上げられることの多い制度であるが、対象とするものの回収を的確・確実におこなうために工夫されてきた仕組みである。対象となる商品の所持者の経済的動機を活かし、貸し与えたものを確実に回収する手段としては、いまも身近で利用されている。

　たとえば、酒屋さんで瓶ビールを購入したとき、その値段にはこの預り金というものが基本的に含まれている。そして、使い終わった瓶を回収するとき、この金額だけ、払い戻されるという仕組みが長年続けられてきている。これなどはデポジット制度を、環境とはかかわりなく、私経済的な動機から、自発的に導入していた典型例といってよいだろう。

　この考え方に基づく制度が、環境問題を中心に、政策手法として導入されてきた。今や国際的にみても、飲料容器をはじめ、廃油や有害物質を含むバッテリーの回収などに広く適用されている。

　デポジット制度は、課税と補助金とを組み合わせたものとし

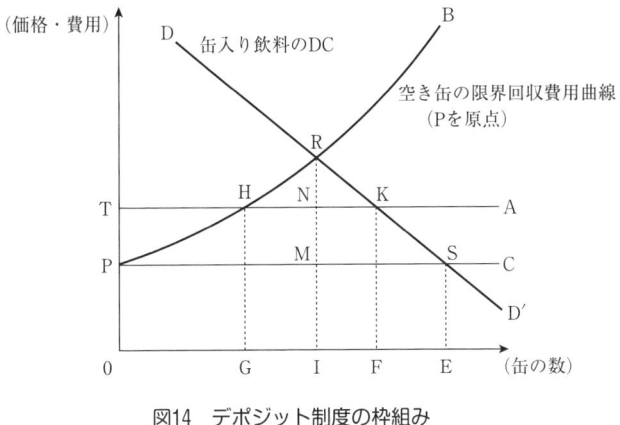

図14　デポジット制度の枠組み

　て説明されることが多い。空き缶を例にとれば、空き缶の遺棄放置行動に対する課税と、回収返却行動に対する補助金とを巧みに組み合わせた手段として理解されるべきである。

　缶入り飲料はその利便性から普及・増大していき、これに伴う観光地などでの、空き缶のポイ捨てが社会問題なっていった。この問題への政策的対応として導入されたと考えられる。環境保全という目的からみたとき、清掃員の人件費などでかかる空き缶の収集コストにくらべ、低コストで目的達成が可能な方法として注目されてきたといえる。

　この仕組みについて、図を交えながら説明しておくことにしたい。

　図14は、横軸に缶入り飲料の数量ならびに空き缶の数量を缶の数で示し、一方縦軸は金額で示している。ここで、右下がりで示されるＤＤ′は缶入り飲料の需要曲線を示し、初期段階での

缶入り飲料の市場価格を０Ｐという高さで示している。この場合、何ら政策対応がなされていない初期段階では、両者の交点Ｓが意思決定の点となり、缶入り飲料の消費量は０Ｅ、また同量が空き缶として回収されずそのまま廃棄されることになる。

つぎに、右上がりの曲線ＰＢは、空き缶を追加的１単位回収するにつれて余分に必要となる回収費用、すなわち限界回収費用の動きを、ＣＰという直線を基準としてＰ点をあたかも原点かのように描いたものである。つまり、回収にかかる費用は、空き缶の数がゼロの時はゼロであるが、この数が増すにつれて、次第に大きくなることを意味している。

ここで、ＰＴの金額に相当する預り金（デポジット）がこの飲料に課されたとしよう。そうすると、この缶入り飲料の価格は、ＰＴの大きさだけ上昇し、新たな市場価格は０Ｔになる。この価格上昇により、消費はＥＦだけ減少し、空き缶飲料の消費量は０Ｆの大きさになると考えられる。

ここで、空き缶を返却した際に払い戻し（リファンド）される単価も、預り金の単価と同額であるとしよう。そうすると、缶入り飲料の空き缶を手にした消費者は、払い戻しの金額単価と空き缶の限界回収費用とを比較することで、空き缶を回収・返却するか、それともそのまま放置するかを決めるはずである。払い戻し単価がＰＴの場合、０Ｇだけの空き缶が回収され、結局ＧＦの大きさに相当する空き缶は遺棄・放置されることになる。

結局、デポジット制度がない場合と比較して、缶入り飲料の消費はＥＦだけ減少し、また空き缶が新たに回収される量が０

Gであるから、遺棄・放置される空き缶の量は〇EからGFに減少することになるのである。

デポジット制度による遺棄・放置される空き缶の量は、デポジットという課税による缶入り飲料の消費減少による効果と、リファンドという補助金による空き缶回収量増加の効果とを合わせて、遺棄・放置される空き缶の量を減少させようとしたものと位置付けられる。特にこの場合、購入する人と回収する人とは必ずしも同一人である必要はないという点も特質すべき点と考えていいだろう。

また、このデポジット制度に基づく効果は、一度システムに組み込まれると恒久的に機能するという特徴も併せ持っており、外部性をコントロールする手段として次第に各場面で普及しつつあるようである。

5 　廃棄物取引の特質

続いて、廃棄物（ゴミ）のやり取りがもたらしがちな問題について考えてみたい。廃棄物は、通常の商品（財・サービス）と比べたとき、際立った特徴を持っており、それゆえにいくつかの難しい問題が起こりがちである。

まずゴミのやり取りと通常の商品のやり取りの違いを明らかにしてみよう。AさんとBさん2人の人を考え、その間のやり取りを考えることを出発点にする。

まず、たとえば果物のナシという普通の商品の場合では、Aさんが売り手で、Bさんが買い手であるとすると、ナシという

商品はＡさんからＢさんに流れ、その対価であるお金はＢさんからＡさんに流れる。これを一般に、有償関係と呼んでいる。

　これに対して、廃棄物、ゴミの場合、やり取りに際して異なった様子が見られる。ゴミの場合、ゴミを出す側をＡさんとし、ゴミを受ける側をＢさんとした場合、ゴミというものはＡさんからＢさんに流れるが、このゴミの処理に際する支払いというお金もＡさんからＢさんの方に流れると考えられ、ゴミというものと同じ方向に流れ、通常の商品であるナシの場合とは、逆方向に動いていることがわかる。ここで、このような取引のことを逆有償と呼び、区別している。

　これは先ほど図13－aのところでみた、グッズとバッズの関係である。やり取りされる商品が有償関係となっている場合にはそのものをグッズと呼び、そうではなく逆有償となるような場合にはバッズと呼んでいると言い直してもよい。

　このようなゴミを処理してもらうためにお金を支払うという逆有償の場合、通常の有償関係とは異なり、いくつかの問題を抱える可能性が指摘されている。

　その前提として、グッズとバッズのそれぞれの場合について、その情報というもののありか（所在）に注目しておく必要がある。

　まず、通常の商品、ここで考えたナシのようなものの場合、お金を支払って購入した需要者Ｂさんには、当たり前のことであるが、取引の対象であったナシが手元に残ることになる。食べてしまっても、どんなナシであったかの情報は必ず残ることになる。

そして、そのナシという商品が、甘くみずみずしく想像どおりの好品質のものであったのか、それとも熟していなかったり、不味かったりと不良品のようなものであったかは、通常Ｂさんにはわかるはずである。

　もし、不良品であった場合、クレームをつけたり、次には買わないといった行動にＢさんがでることは十分に想定できる。また、口コミやインターネットなどで悪評が広がることも考えられる。最終的には、Ａさんの評判は下がり、売り上げが落ちると想定されるために、不良品は販売しないようにするインセンティブがＡさんに働いてくるはずである。

　これは、お金の出し手であるＢさんの手元にものが残り、そのものに関する情報が手元にあること、これがポイントとなって起こってくる動きである。

　これに対して、ゴミのようなバッズの場合、お金を支払ったＡさんはゴミもＢさんに渡したのであるから、Ａさんの手元には、何も残っていない。ゴミという「もの」も残らず、これに関する「情報」も何も残らないという大きな違いがある。

　ゴミの供給者であるお金の支払い側のＡさんと、ゴミの需要者であるお金の受け取り側のＢさんとの間で、保持している情報量に大きなギャップが発生しているのである。こうしたギャップのことは、情報の非対称性と呼ばれており、このギャップは、経済システムそのものに問題を生じさせやすい。

　バッズ取引における情報の非対称性は、パターンの大きく異なる２つに分けることができる。

　まず第１のものは、ゴミの出し手である供給者が、本来どん

なものを出したかは一番知っているはずであるのに、そのゴミに関する内容の情報を、需要者である業者に伝えないことにより生ずる情報のアンバランスである。これには、意図して伝えない、伝えたがらない場合や、あるいは意図にかかわらず伝えられない場合などが考えられる。

　これらの場合、処理業者は、情報の不足によって適正に処理することができにくくなる。食品廃棄物のリサイクルの代表的手法である堆肥化や飼料化において、その成分をめぐりしばしば問題が発生している背景に、この情報ギャップの問題があるといわれている。

　第２の非対称性は、需要者である処理業者が、その処理内容を、出し手である供給者に伝えない、あるいは一部しか伝えないことから生じる情報のアンバランスである。

　これについては、以下のようなものを例にして考えると理解しやすいだろう。

　複数の処理業者がいるとして、それを2つのパターンのグループに分けて考えてみよう。1つは、適正処理をすることでその提示できる価格が高い業者でB_1とし、もう1つは、いい加減な処理、あるいは不適切な処理で済ませることで低い価格を提示できる業者で、B_2とする。ゴミを出す側であるＡさんからはＢさんがどのように処理するのかがわからない場合、Ａさんとしては可能な限り安い価格の支払いですむ方が望ましいので、通常B_2という業者を選ぶことになる。その結果、適正に処理しようという業者B_1には、ゴミが集まらず、経営が成り立たず廃業に進み、駆逐される可能性がきわめて大きい。そして、不適切

な処理をし、安い価格で取引可能なB_2だけが生き残る可能性が大きくなる。このように、個人にとっては負担が少ない選択が、社会にとっては損失を招き、社会的に望ましくないものが生き残っていくような現象は逆選択と呼ばれている。廃棄物の取引の場合、とくにこの逆選択が起こりやすく、問題となりやすいのである。

　循環型社会とは、商品の流れを人間の体の動脈にたとえ、これに対して廃棄物の流れを静脈にたとえ、この動脈と静脈とで循環できるような社会という意味でつかわれている。この静脈側の取引の流れでは、逆選択がおこりがちである。結果として環境汚染や環境負荷の代償を社会が負担することとなる。

　グッズの場合であれば、市場のメカニズムがより良い商品をより安くという競争メカニズムが働き、効率的な資源配分が達成されうるが、バッズの場合にはそうしたメカニズムには大きな壁が立ちはだかっている。情報の非対称性によって逆選択が起こる可能性が高いため、市場にゆだねただけでは廃棄物の適正な処理はおこなわれにくくなってしまうのである。適正な処理をおこなうためには、少なくとも廃棄物を出す側は廃棄物の内容を、廃棄物の受け手はサービスの質を相手に伝えることが必要となる。

　このことへの対応の１つとして、処理の責任の一端を廃棄物を出す側にも担わせ、逆選択が起こりづらくしようという仕組みとして制度化されたものに、マニフェスト制度（産業廃棄物管理票制度）がある。この制度は、滞りがちな処理サービスの質に関する情報の流れを促進させるための工夫として位置づけるこ

とができる。

　ここまでのことを整理してみよう。

　市場での取引は、ルールに基づくゲームにたとえられる。スポーツには野球なら野球のルールが、サッカーならサッカーのルールがあるのと同様、商品の取引についても、ルールに基づいてゲームがなされているのである。

　ゲームのルールは、共通する部分と地域や時代によって微妙に異なり、そのもとでゲームはおこなわれてきた。

　動脈を流れる通常の商品の取引は、古くからおこなわれ、ルールも確立している。これに対して、静脈にあたる廃棄物の取引の流れは、歴史も浅く、ルールも十分には確立していない。動脈を流れる商品の流通市場のルールは、これまでの歴史の中で修正されながら確立してきたが、静脈については、市場のルールはまだ手探りの状態にあるといってもよい。

　動脈の世界でも、情報の非対称性は、いろいろな場面で見られ、市場の機能を損なう場面は多くみられる。しかしながら、市場でのやり取りの中で、競争というもののメリットを生かしながら、基本的に悪いものが市場から駆逐され、良いものが残るという流れは一般的にみられるといってよい。これは、そのためにルールが整備されてきたおかげでもある。

　静脈を流れるゴミのやり取りにおいては、ルールが未整備なまま取引がおこなわれ始めたといってよい。とくに、情報の流れに関する枠組み作りはまだ遅れているように思われる。

　具体的には、ものとお金の流れとともに、情報の円滑な流れ

を作っていくことが必要不可欠であろう。ゴミの内容に関する情報は流れの上流から下流へ、逆にゴミ処理の情報は下流から上流に向かって流れることが求められ、これによって2種の情報の非対称性をできるだけ小さくすることが求められるのである。健全な取引がゴミの世界でも可能となるためには、こうした情報の円滑な流れを政策的に作っていくことを通じて、静脈市場のルールの整備と枠組み作りが求められているのである。

6　2つの顔をもつ廃棄物問題

最後に、通常の環境問題を考える場合とこの章で扱ってきた廃棄物にかかわる環境問題とにはどういう違いがあるのであろうか？

価格というシグナルが壊れ、私経済的な計算の外に漏れている外部性に対して、これを内部化するという方向で最適な資源配分の状態にもっていくというのが、通常の環境問題への対応であった。

その際、たとえば、外部不経済効果を発生させている場合、経済活動の水準を現状より引き下げた水準が最適点となり、迷惑という外部費用は完全になくなってしまうわけではなく、また なくなることそのものが最適なわけではなかった。

これに対して、廃棄物のリサイクルという手段による外部不経済の内部化の場合、リサイクルによって廃棄物そのものがなくなってしまう。したがって、廃棄物による外部不経済効果も全くなくなる。この点が通常の環境問題との決定的な相違点で

ある。

　この点に関しては、家畜糞尿問題を扱う第Ⅱ部の第6章において、家畜糞尿の堆肥化という事例を通して、少し詳しく考えることにしたい。

　また、廃棄物の問題は、環境問題という顔と、資源問題という顔をあわせもっている。廃棄物の排出が環境に負荷を与えるという側面と、廃棄物を単なる価値のないものとしてとらえるのではなく、潜在的な資源としてとらえ、これを活かそうという側面である。後者の資源問題としてのとらえ方は、環境問題解決に向けた手段の1つとして、意識しておくことが重要であろう。

◎用語解説───────────────
逆選択：売り手と買い手とが持っている情報量に大きな格差があるような状況下において発生しがちな市場の失敗を指す言葉で、市場では通常は最終的に良いものが選ばれ生き残るのに対して、そうではなく悪いものだけが選択され生き残ることからこう名づけられた。

マニフェスト（manifest）制度：廃棄物処理法における「産業廃棄物管理票」、通称マニフェスト伝票を用いて、廃棄物処理の流れを確認できるようにして、産業廃棄物の適切な処理を推進するために定められた制度を指している。排出事業者が各業者から処理終了を記載したマニフェストを受取ることで、委託内容どおりに廃棄物が処理されたことを確認することができる。

第Ⅱ部

食と農と環境とのかかわりとは？

ギモンをガクモンに

No.5

農業は環境にやさしいの?、それとも迷惑をかけているの?

農業生産と自然環境やアメニティとも呼ばれる社会環境とはどのような関係にあるのでしょうか? 他の産業活動や生活活動と比べて何か違いや特徴的なことはあるのでしょうか?

農業は、自然と人が関わる最初の接点ともいえます。よくもわるくも、農業を通して人は自然に働きかけ、自然を変えていきます。また、農業は人間の社会的環境とも影響し合っています。農業の営みが生み出すすばらしい景観は、ときに観光の目玉となったり、逆に家畜の匂いが住環境にとって問題となることもあります。

いずれにしても、自然や社会の環境と密接な関係や影響力を持つ農業は、はたして環境にやさしいのか、迷惑をかけているのか。この章ではその問題を考えましょう。

第5章

農業と環境とのかかわりを考える

キーワード

3つの視座／外部経済効果／外部不経済効果／
環境価値の経済評価／非点源汚染

1 | 農業と環境との連鎖をみる基本的視座

　第Ⅰ部では、環境にかかわる問題について、経済学の視点から外部性という概念が、問題を解く鍵を提供してくれることを学んだ。

　ここでは、農業生産と環境との関係に注目して考えることにする。つまり、農業と環境とはどうつながっており、どう影響しあっているのか、またその特徴はどういうものなのかを明らかにし、農業と環境の関係における問題点を可能な限り浮かびあがらせることを目指したいと思う。

　まず、農林業という生産活動と環境との関係がどういうもの

なのか、その枠組みを考えることから始めよう。

　農林業と環境との関係を考え論ずる場合、以下の３つの方向からの相異なった把握の仕方が考えられる。農林業と環境の問題を考えるときに、この３つの方向のうち、自分がどの方向から見ているのか、常に自覚しておくことは必要不可欠である。

　その３つの方向とは、

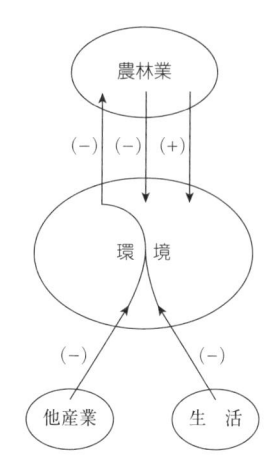

図15　農林業と環境の連鎖構造

①農林業が環境資源を守り、保全しているという、農林業のもつ環境に対するプラスの側面、経済学の表現を用いれば、農林業が外部経済効果を与えているという側面である。
②他から傷つけられた（あるいは、自らが傷つけた）環境資源が農林業生産に害を与えているという側面、つまり外部不経済効果を農林業が受けているという側面、表現を変えると農林業生産環境の悪化という側面である。
③農林業が環境資源を傷つけているという、環境に対してマイナスの側面、逆に農林業が外部不経済効果を与えているという側面である。

　この農林業と環境との関係を模式的に示したのが図15である。

この中で、一般に農林業環境問題と呼ばれるのは、広義には第2と第3の側面を、狭義では第3の側面をさしている。

2 ｜ 環境資源の保全管理者としての農業

◆ 農業の持つ環境価値とは？

ではまず、①の側面から見ていくことにしよう。農林業は、大別して2種類の役割を国民経済や地域経済において果たしている。

第1は、農林業の個別経営・組織による私経済的利益の追求を通して、食料や原材料を安定的に供給するという基本的機能を果たす、産業としての農林業の役割である。これについては、市場取引を通じて、需要者の評価にみあった対価が供給者である生産者に支払われていると推察される。

第2は、農山村空間とその周辺領域において、私経済的には適正に評価されがたい公共的な便益をもたらす公共財・環境財サービスの提供者、あるいはそのストックである環境資源の管理者としての農林業の役割である。これは、農林業のもつ外部経済効果、環境に対してはプラスの影響を与える側面をさしている。特に近年、環境をめぐる諸問題がクローズアップされるなかで、後者の農林業・農山村の果たす非市場的役割に注目が集まっている。

たとえば、森林は水源涵養等の国土保全機能をはじめ、散策や観光などの保健休養機能等、さまざまな公益的機能を持って

いる。しかし、森林は、あればすべてが機能を持っているわけではない。日本の森林は多くはスギ・ヒノキ等の人工林である。実は人工林は、放置したままでは本当の資源にはなりえない。適正に伐採し、枝打ちや下草刈りといった保育管理がなされて初めて有効な再生資源となり、これらの行為がなければ荒廃は進んでしまって資源にはならないのである。現実に、近年の中山間地域における著しい担い手不足や過疎化によって、森林の荒廃の度は強まり、管理されない「荒れ山」が生まれている。そのような山林は、保水力も弱く、表土流出により川床を上昇させ、時として地滑り等の災害を引き起こす原因ともなっている。

　森林だけではなく水田においても、少しメカニズムは異なるものの同様なことがいえる。中山間地においては、すでに多くの農地の耕作が放棄されているが、放棄された農地は荒れ地に戻り、水田の持つ保水・遊水機能を低下させ、洪水多発の一因となっている。

　これらはほんの一例を示しただけであるが、農林業は、市場では評価されがたい多くの役割を果たしている。これらの役割は次のような機能に整理することができる。自然環境の面では、水源涵養機能、土壌浸食・洪水防止機能、水質浄化機能、酸素供給機能、空気浄化機能等があげられる。また、社会環境面では、オープンスペース・緑資源提供機能、景観保全機能、教育機能（体験学習等）、保健休養（レクリエーション）機能等のアメニティ保全機能や食料安全保障機能、農山村伝統文化維持機能等である。

　これら各機能はどういう価値があるかという視点から分類すれば、農林産物の消費以外にも使用されることから生じる間接使用価値、将来における利用可能性としてのオプション価値、将来世代の利用を考慮した遺贈価値、さらに存在していることを知るだけで満足を覚える存在価値等からなっている。

　これらの機能・価値は、その与える便益が「排除性」や「競合性」に欠け、受益者が対価を支払うことができない、あるいは支払いを求められないという性格をもっている。本来受益者が責任をもってその対価を支払うべきであるが、恩恵を受ける対象が特定しにくく、また未来の効果を含んでいるという性質上、それが困難なのである。そのため、受益者を可能な限り絞り込み、便益を得ている額をできる限り公平に負担するよう、社会的なコンセンサスを構築し、実現するための仕組みを創り出すことが必要である。しかし、このコンセンサスを得ることも、極めて困難である。そこで、経済学の手法としてその一助となりうるのが、これら外部経済効果を貨幣タームで評価し、その額を知ることである。

◆ 環境価値の経済評価

　1972年におこなわれた林野庁の代替法による推計を出発点として、わが国においても農林業の外部経済効果の評価に関して、かなりの数の研究成果が公表されている。環境の価値を金銭単位で評価する、「環境価値の経済評価」に際しては、さまざまな手法が用いられているが、代表的な手法としては、①代替法、②ヘドニック法、③仮想的状況評価法（CVM）、④トラベルコス

ト法等がある。これらの手法を使った評価計測が広まる転機となったのが、農水省の委託によって三菱総合研究所がおこなった研究（1991）である。この研究では、ヘドニック法を用いて全国の水田のアメニティ創造効果を約12兆円、代替法を用いて水源涵養機能・土壌流出防止機能等の外部経済を約2兆円と推計している。この推計結果によって、農業が単なる産業以上の価値を持っていることが広く認識されはじめるようになった。

　環境価値を経済評価する手法は、顕示選好法と表明選好法とに大別される。

　顕示選好法は、環境が人々や組織の経済行動に及ぼす影響を観察することで、環境の価値を間接的に評価するものである。後で述べるヘドニック法やトラベルコスト法、さらに伝統的な代替法などがこうしたものの代表的なものである。

　これに対して、環境の価値を人々に直接尋ねて環境価値を評価する方法は、表明選好法と呼ばれている。1990年代以降、特に地球温暖化や生物多様性の喪失などの地球環境にかかわる問題への関心が高まり、これらの多くは非利用価値というカテゴリーに含まれるものが多く、表明選好法が開発されてきた。つまり、野生生物や生態系といった非利用価値は、人々や組織の行動に影響しづらいので、こうしたものは顕示選好法では評価できないという弱点を持っているからである。

　表明選好法の代表的なものとしては、仮想状況評価法とコンジョイント分析法がある。マーケティング分野を中心に開発されてきたといわれるコンジョイント分析法は、最新の手法といってもいいものであるが、まだ環境価値の評価に関する研究は

数が少ないため、本書においては、仮想的状況評価法中心に説明をおこなうことにする。

◆ 仮想的状況評価法

仮想的状況評価法（Contingent Valuation Method；CVM）は、外部効果の受け手が支払ってもよいと思う金額（支払意思額）、あるいは、一層の効果の発揮が約束されていたのに実行されなかった場合に、その現状を我慢するのに必要な補償額を直接尋ねることで、その外部効果の大きさを評価する方法である。

この方法は、仮想的な質問をうまく作ることによって他の方法では評価できないような多様な効果や機能を評価できるという特徴を持っている。ただ、回答する側が戦略的に回答する可能性による戦略的バイアスや手段バイアスや心理計算バイアスといった各種のバイアスが発生する可能性を秘めており、精度の高い調査のためには多大な時間と費用がかかるという難点を抱えている。ただ、アイデアそのものが単純明快で、理論的にもしっかりしたものと評価されている。

◆ ヘドニック法

環境要因が、土地や住宅などの不動産価格に反映されるというキャピタリゼーション仮説に基づく不動産価値法を発展させたものとしてヘドニック法があげられる。農林地に代表される農林業資源がもたらす効果を、不動産価格に与える影響を通じて評価する方法である。この方法は、既存の統計データを利用するため、他の方法と比べて、安価に評価ができ、また手続的

に恣意性を排除しやすいという特徴を持っている。ただ、バブルの時のように、キャピタリゼーション仮説が当てはまらない状況の場合では理論的に問題が生じ、統計的には入手可能なデータにより、推定値がバイアス（偏り）をもったり、推定に際する多重共線性の問題なども発生しがちである。

◆ トラベルコスト法

トラベルコスト法は、観光地やレクリエーション地としての魅力を評価しようというもので、利用者がその土地に行くために旅費という価格に対して費用を支払っているということを利用したものである。自然や農林業から無償で受ける便益を効率的に評価できるものと位置づけられている。アンケートに基づき個人の訪問回数などのデータを集める必要があり、そのために仮想的状況評価法ほど大きくないが時間と費用が必要となる。仮想的状況評価法と比較して戦略的バイアスは生じにくいが、利用する各種統計の質や不備などの問題から影響を受けないようにする必要性が指摘されている。

◆ 代替法

最も古くからある代替法、別名取替原価法は、評価したい機能を、市場で取引されている代替物を用いて評価しようというものである。計算方法が単純で、結果が常識的に理解しやすいとうメリットを持っている。ただ、適切な代替物がない場合には評価ができなくなり、また代替物の選択に恣意性が入る余地があるという問題を指摘されてきた。そのため、大掛かりな調

査を必要としないというメリットはあるものの、新たな方法が求められてきたのである。

　これらの推計方法は、それぞれに理論上の問題や推定に際する統計学的な面で一長一短があり、推定値の精度にも議論の余地が残されている。また、複数の評価方法による推計値を併用する場合には、重複計算をしないように注意すべきである。評価そのものに対して高度の信頼性が要求されるため、恣意性を可能な限り排除する必要がある。とはいえ、これらさまざまな問題点や考慮しなければならない条件があるとしても、これまで計測そのものが不可能であった外部経済について、定量的な目に見える指標が与えられることは、新たな政策対応をする上で客観的な根拠を与えるものとして期待が深まっている。

3 | 農業生産環境悪化の問題（環境破壊の被害者）

　つづいて、「農林業が影響を受ける」という②の側面について少し考えておくことにする。
　農林業生産環境悪化の問題は、農林業以外の生産活動や混住化に代表される生活活動が環境の質の低下・悪化を引き起こし、農林業や農林地の生産力に大きな被害が及ぶという問題である。これは工業化や都市化などによって環境資源が傷つけられ、このことが農林業生産に害を与えているという側面である。経済学的には外部不経済効果を農林業が受けているという側面をさし、農林業としては生産環境悪化の側面とみることができる。

たとえば、地球温暖化により収穫物の品質が悪化する問題や、温暖化によって気候が変化し産地が移動するようなことも発生している。温暖化に起因して、豪雨や日照りが続くというバランスの悪い天候が続き、収穫量が大きく変動するといったことも挙げられよう。

　古いデータで恐縮だが、1993年の全国農業協同組合連合会の調査では、「地域農業にはどんな環境問題があるか」という農業者に対する質問に対して、かつてこの側面の回答が多かったとの報告がある。多い順に、「連作障害」「農業用水の汚濁」「化学肥料の多用」「畜産廃棄物」「用水管理の粗放化」「農地改廃・スプロール」「河川湖沼の富栄養化」「農薬多用」「地下水汚染」と続いていた。ここで扱う生産環境悪化の問題は比較的上位に、③の農業が加害者という側面のものは、下位のものに限定されている。このころ農業者の意識している環境問題とは、②の農業の環境問題といってもいいのかもしれない。

　さらにこれは、⑴工業化や都市化（特に混住化）によって生ずる大気や水質、さらに土壌の汚染によって発生する地域限定的な問題（これは、農山村環境問題とも言われる問題）と、⑵オゾン層の破壊や気候変動、酸性雨等の地球規模の環境破壊によって大きな影響を受ける問題とに分けて考えておくといいだろう。後者の⑵の問題は、地球環境変動、なかでも温暖化やオゾン層破壊、さらに酸性雨が土壌や生物に影響を与え、ひいては農業に影響を与えるものである。

　最初に「他の経済活動によって」傷つけられた環境資源と表現したが、農林業の生産活動そのものが環境負荷をかけ、環境

資源を傷つけ、そのことが農林業の生産活動にマイナスの影響を与えることも考える必要がある。自らが傷つけた環境資源が、ブーメランのように農林業にマイナスの影響を与えるのである。地域限定的な問題についても地球規模の問題についてもともに当てはまる事例は多いように思われる。次の節では、そういった側面も考えてみよう。

4 　環境破壊の加害者としての農業

◆ 農業がもたらす環境破壊機能とは？

　先のブーメランをもたらすものとして、農林業は、その活動そのものが環境面でマイナスの影響をもたらす側面、つまり加害者・汚染者となる側面も持っている。

　欧米諸国ではその気候風土とも関連して、以前からこの側面が強調される傾向にあった。EU諸国でこうした認識が急速に強くなったのは、1980年ごろからであったといわれている。1980年ごろを境に、それまでは概して環境にフレンドリーな産業として見られがちであった農業に対して、次第に疑問符が打たれはじめ、環境に対して農業が与える負荷が問われるようになったのである。

　これに対して日本は、降雨量が多く急峻な地形で、森林資源に恵まれているという自然条件に加え、耕地の半分近くが環境面での浄化作用を有する水田であったためか、農業生産のもたらす環境への悪影響はこれまでそれほど表面化してこなかった。

また、休閑農業と中耕農業との違いを生む気候風土の違い、雑草と戦って生産の場を確保することによって、快適な生活空間を近隣住民に提供してきたことによる農林業に対するイメージと、低温少雨で有機質の分解速度が極めて遅く、雑草の繁殖力の低いたとえば北欧でのイメージとは、大きく異なっている。このことも影響したのであろう。欧米諸国ほど農業がもたらす環境問題はあまり顕在化していなかった。

　しかし、このように農林業のもつプラスの側面が重視されてきたわが国においても、肥料・農薬による水質汚濁や家畜糞尿による悪臭等は、以前から農業の環境汚染として認識されてはいた。さらに畜産を中心とした経営規模の拡大や施設園芸に代表される集約化が進むと、農業による環境負荷の増大を招き、大きな問題となってきた。

　こうした近隣地域の生活環境や生態系との関連だけでとらえられる問題以外にも、農業に起因する大気汚染がある。水田や反芻動物が発生するメタンガスが、地球温暖化を進める原因の一つであるというものである。メタンガスは、二酸化炭素の20倍もの温室効果をもち、水田からは全世界の12％、牛などの反芻動物からは16％も発生しており、地球規模での大気汚染の加害者として位置づけられるにいたっている。

　そのほか農業による環境への影響は、土壌侵食・土壌の塩類化・砂漠化といった土壌の変動、二酸化炭素・メタン・亜酸化窒素といった大気の変動、さらに帯水層の枯渇・水質の変動・河川水の枯渇といった水の変動などがある。これらによって起きる問題としては、地表水・地下水の汚染問題、土壌浸食及び

機械走行による圧密問題、湿地の乾燥化問題、大気の汚染問題、生物種の多様性の減少または喪失問題、限界地における開墾問題等が指摘されている。

これらの問題を起こす環境面での加害者としての側面、つまり、外部不経済効果をもたらす農林業の機能は、大きくは自然環境破壊機能と社会文化破壊機能とに分けて考えることができる。自然環境破壊機能としては、表土浸食促進や土中有害物質汚染、水質汚染等といった国土破壊機能、メタンガスなどの温暖化ガス生産に代表される大気汚染機能、そして生物相破壊機能などがあげられる。他方、社会文化破壊機能では、悪臭発生や景観破壊といったアメニティ破壊機能が重要であろう。

◆ 加害者としての農林業の特質

環境問題における加害者としての農林業について考える場合、農林業には独特な特徴がある。特に対策・政策を考えるに際しては、この特徴を押さえておくことがキーポイントとなる。

まず最大の特徴は、汚染のもとが面的であるということである。工場などから出てくる汚染などが、「点源汚染」と呼ばれているのに対して、農林業からの汚染は、「非点源汚染」、あるいは「面源汚染」と呼ばれ区別されている。つまり、ある特定される点から汚染が出てくるものに対して、ある広がりをもった面から汚染が出てくる、というものである。

非点源汚染は点源汚染とは異なり、排出源を特定することが困難で、汚染物質を排出時にとらえて処理することを難しくしている。汚染源の特定と評価、排出物への対応を困難にしてい

るのである。工場から出る廃液の場合ならば、特定も対応もしやすいのと対照的である。この特徴によって、環境政策の基本とされるＰＰＰ（汚染者負担の原則）の適用を困難としている。

また、この非点源汚染という特徴以外にも、気候・風土の違いから、同じような農業をおこなっていても地域によって影響の受け方が異なる点や、天候などの自然条件による影響も大きく、汚染の度合いなどが不確実である点なども特徴的である。

◆ 環境破壊問題とその対応

先進国・途上国を問わず、本来持続可能（Sustainable）であるはずの農業が、近代化が進む過程で変化し、加害者としての側面をより拡大・深刻化させてきたと考えられる。過度な化学物質多投型・エネルギー投入型の農業によって、地力の低下、砂漠化、地下水の枯渇といった状況を生み出し、農業生産自体の存続さえも不可能にしてきている。残留農薬の問題や農業に由来する地下水汚染等は、農業地域以外に住む人々の生活にまでさまざまな障害を発生させてきた。

この現実が、農業のあり方を見直そうという出発点となっている。近代化の進む先進国だけでなく、途上国における農地や水といった資源の劣化・枯渇問題と人口増加にともなう食糧問題の併存という現実を考慮すると、環境へ配慮した新しい農業システムの構築が、今や地球規模で求められている。その際、農林業も環境に対する加害者の一員であるという共通認識を踏まえることが必要である。

アメリカでは、LISA 農業（Low Input Sustainable Agriculture）と

いう名前で呼ばれる環境保全型の農業が、1985年農業法で提示された。これは、①農業生産において生産性及び収益性を維持すること、②資源及び環境を保全すること、③農業者の健康と農産物の安全性を確保すること、という3つの目標を、作付体系の見直し等の各種手段を用いてめざす、近代農法と狭義の有機農業との間に位置する中間ゾーンの農法の体系をさす。LISA農業に関する議論はいまだ続けられている。

　ヨーロッパでは、農産物過剰と財政負担の拡大という問題を契機に一大転機を迎え、1985年に制定されたECの新共通農業政策では、①過剰生産の防止、②農産物の安全性向上、③自然環境の保全、という3本柱が新たな目標としてあげられた。特に、③に関しては、農業と環境保全の両立のためには、人間と家畜の健康に悪影響を及ぼす恐れのある物質の使用は極力控えるべきとの姿勢が明確にされている。農薬と化学肥料の使用抑制はもちろんのこと、家畜糞尿等の有機質肥料の過剰な投入も、飲料水等の汚染を通じて発ガン性、催奇形性等を誘発する可能性が指摘され、使用を制限することが必要だとされている。日本のように簡単に水に流すこともできず、有機質の分解速度も遅いヨーロッパ諸国では、水質汚染は深刻な問題であり、これには特に重点が置かれてきたと考えられる。

5 ｜ オランダにおける家畜糞尿簿記・ミネラル勘定制度

　最後に、家畜糞尿に代表される有機質肥料の農地への過剰還元が主要因とされる地下水汚染問題に対して、オランダ政府が

とった特徴的な対応を紹介することで本章を締めくくることにしたい。

　オランダでは、家畜糞尿簿記（Manure Bookkeeping）やミネラル勘定制度（Mineral Accounting）という、簿記の考え方を用いて発生源を特定し、課徴金をかける政策がおこなわれている。

　オランダは国土の3分の2が農畜産部門で利用され、その輸出額は世界で第3位を占めている。効率的生産がおこなわれるオランダ農業では部門ごとの特化が進み、畜産と耕種の複合経営の存在は皆無に近い。他方、面積当たり世界一多量に投入される農薬の問題とともに、集約化された畜産業による多量の家畜糞尿発生とその有機質肥料成分の流出からおこる地下水の水質悪化は極めて大きな社会問題となっている。オランダでは地下水が飲料水として用いられる地域が多く、過多な硝酸態窒素は催奇形性をもつことから、社会問題化していたのであった。そのため、農地の地下水の硝酸濃度が、地下水面2mのレベルで50ppmを上限とするという規制目標が設定されている。

　このような家畜糞尿に代表される有機質肥料の農地への過剰還元が主要因とされる地下水汚染問題への対策として、実施されていた政策の1つに家畜糞尿簿記（Manure Bookkeeping）がある。

　図16に示すとおり、この制度は、各農家にリン酸成分に換算した有機質肥料成分の発生と投入について、簿記記帳を義務づけている。その上でその有機肥料が自他を含むすべての土地に、過剰投入されていないことを証明しなければならない。自らの土地以外の土地、例えば他の農家への移動・投入については、

$$\left[\begin{array}{c}\text{家畜飼育によって発生}\\\text{するはずの有機肥料量}\\\text{(リン酸成分換算)}\end{array}\right] \quad \left[\begin{array}{c}\text{土地投入が許されてい}\\\text{る有機肥料の消費量}\\\text{(リン酸成分換算)}\end{array}\right]$$

牛の頭数×基準値　　　ha当たり投入許可量
豚の頭数×基準値　　　　×経営作付面積(ha)
家禽の羽数×基準値　　　＝総消費 *B*

合計　総生産 *A*　　　過剰量 *A-B*

図16　家畜糞尿簿記（MANURE BOOKKEEPING）の基本的枠組み

SLM（Organic Manure Bank）と呼ばれる組織によるチェックが存在しており、それによって証明されることが求められる。各農家は、もし過剰となった糞尿などを他に移動させる場合には、その量と移動先、担当したドライバーの名前をSLMに逐次報告しなければならない。このSLMへの報告によるチェックで、農家ごとの簿記記帳は全体として有機的に結びつけられている。

　簿記上の借方の有機質肥料（リン換算）の発生量に関しては、牛や豚から発生するはずの有機肥料の基準値が設定されている。家畜の飼養頭数と基準値を掛け合算することで、農家レベルの生産あるいは発生有機肥料の量がまず計算される。一方、貸方に関しては、投入に関して基本的に許容されるリン（P）の基準量がha当たり125kgと設定されている。各農家の耕作面積が与えられれば、許容基準量との積でその農家の投入あるいは消費が許される有機肥料の量が計算される。そして、畜産農家で過剰が発生し、耕種農家で不足となれば、このシステムで過剰な有機肥料をスムースに移動させるのである。ある地域では過剰となって汚染を引き起こす物質を国土の中で有効に循環させ、

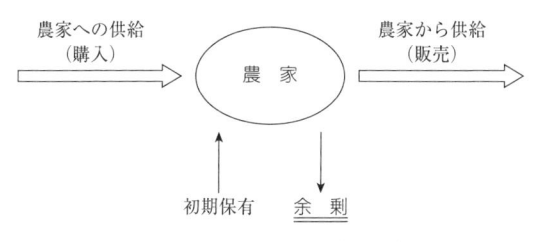

すべてのものをミネラルの要素に換算する
（窒素・リン酸・カリ）

図17　ミネラル勘定（MINERAL ACCOUNTING）の基本的考え方

外部からの有機肥料の流入をも減少させようという発想である。そしてまた、ここから得られる情報をもとに、過剰投与された有機質肥料分に対して課税をおこなっている。この余剰有機質肥料税の税額は、年間農地1ha当たりのリン発生量によって決定される。125kg／ha未満の農家は納税の必要がなく、125〜200kg／haの農家の税率は1kg当たり0.25ギルダー、200kgを超える場合の税率は0.50ギルダーとされている。

　このシステムの運営で問題となってきたのが、有機質肥料をすべてP換算で計っている点であった。最大量125kgとは、すべてP換算許容最大値である。この問題を解決するために生まれたのがミネラル勘定制度（Mineral Accounting）である。この制度の基本的考え方を示したのが図17、また枠組みを示したのが図18である。

　この制度は、有機肥料の成分であるN（窒素）・P（リン）・K（カリウム）すべてについて、農家ごとに現行制度と同様にバランスシートを考え、さらにすべて集計して成分ごとの「社会会計」のようなものを考えている。1農家の問題としてではなく、

<table>
<tr><td>ミネラルの消費</td><td>ミネラルの生産</td></tr>
</table>

ミネラルの消費	ミネラルの生産
｛期首に保有していた財に含むミネラル成分｝ ＋ ｛農家に供給され，投入消費された財に含むミネラル成分｝	｛農家で生産され，農家から移動・除去された財に含むミネラル成分｝ （余剰ミネラル成分）

図18　ミネラル勘定（MINERAL ACCOUNTING）の枠組み

社会全体を対象とし、また糞尿だけに全くこだわらない。投入
や産出の違いにかかわらず、すべてのものをその構成要素とし
てのミネラルで考えるのである。たとえば、牛1頭あるいは1
kgは科学的に基準化すると、Ｎ・Ｐ・Ｋのそれぞれいくらにあた
るのか、乾し草ならどうなのかを全てのものについて考えるわ
けである。そして、個々の農家に入ってくるものと出ていくも
のそれぞれについて、Ｎ・Ｐ・Ｋごとにバランスシートをつく
り、Ｎ・Ｐ・Ｋそれぞれの過不足をチェックするのである。

　地下水の水質のコントロールについて、家畜糞尿簿記とその
情報に依存した余剰有機質肥料税では、最初から汚染源を限定
しているために政策としての説得力にどうしても欠けていた。
ミネラル勘定制度のような総合的な制度への拡張とその普及が、
コンセンサス作りには不可欠であったのである。ミネラルの発
生源が堆肥のような有機肥料あるいは無機肥料の違いにかかわ
らず、農家レベルでのコントロールが可能となると考えられる
からである。

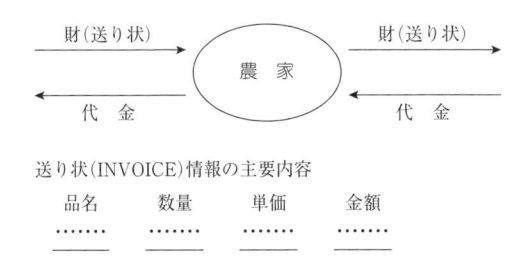

送り状(INVOICE)情報の主要内容

品名	数量	単価	金額
....	....	....	....

Mineral Accounting System の場合

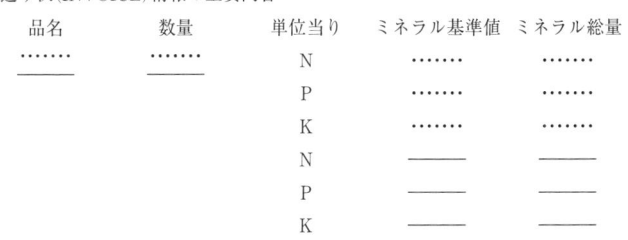

図19 財の取引に関するINVOICE情報の主要内容

　しかし、通常の財務会計システムと並行してミネラル勘定制度システムを運用し機能させるには、取り引きに際して発行される「送り状」に、財の種類と量や価格とその総額に加えて、取り引きされる財に含有される各種ミネラルの詳細な量が記入されている必要がある（図19参照）。最低でも図のような情報が

円滑に流れねばならないのである。

　個別農家が、業者から肥料を購入する場合を例に考えてみよう。100kgの肥料を100ギルダーで購入する場合、普通やり取りされる情報は、肥料という財とその量100kg、そして100ギルダーという価額だけである。しかしこの制度では、この肥料が基準値から計算すると25kgのリン酸と12kgの窒素を含んでいる、といったミネラルに関する情報が同時に記載され、伝えられ、その情報が集約される必要がある。

　そこでこの制度においては、多種類大量の情報を、書類情報からEDIフォームの情報の流れに変換することで解決しようとしている。この形がとれるのは、オランダでは伝統的に、全農家が簿記を記帳し、会計会社と契約を結び節税対策をしていることが背景にある。基本的に物財の金銭的取引はほとんどすべて、銀行の口座を経由し、ここでの情報を契約会計会社はディスクあるいはネット回線を利用して、EDIフォームの情報として会計処理しているという現状に裏打ちされてのことであろう。

　以上がオランダで実施されている政策対応の大枠である。これは、汚染源である有機質に対してピグー税を課した政策とみることができる。一般には、農業分野での非点源汚染という特徴によって、農業による汚染に対しては課税が難しいといわれてきていた。そのためピグー的補助金が用いられることも多かったようである。

　しかし、近年の情報化とオランダの伝統的な存在であった会計の考え方と背景として、余剰有機質肥料税というピグー税を課することが可能となったのである。農業において、ＰＰＰに

対応することが難しいのは確かではあるが、工夫を重ねれば、問題をクリアできる可能性をもつ好事例と位置づけることができるだろう。

◎用語解説————————————————————

キャピタリゼーション仮説：キャピタリゼーション仮説は、施設の整備などによって社会資本の質が高まり、土地などから得られる収益が増加することで、土地の資産価値である地価を上昇させるとの考えに基づくものである。つまり、社会資本投資の便益は、ある一定の条件の下では、地価の上昇に帰着すると考える仮説を意味している。これに基づき便益を計測する場合には、一般に公共事業の実施は周辺の環境の質や社会経済状態を変化させ、最終的に地価に帰着することを前提に、事業の実施前後での地価を比較して、その差を事業の便益と考えている。

多重共線性：多重共線性（ multicollinearity）は、回帰分析などにおいて、モデルの説明変数の間に強い相関関係がある場合に発生する問題を指している。本来、複数の説明変数がある場合、その説明変数相互は独立であることが求められるが、そうではなく、一次従属な変数関係がある場合や非常に強い相関がある場合に発生する。このとき、回帰係数の分散を増加させて係数が不安定になり、説明変数と被説明変数の間に有意な関係が存在する場合でも、係数が有意ではないように見えることがある。

休閑農業と中耕農業：世界の農業は、乾燥地帯の農業と湿潤地帯の農業、すなわち保水農業と除草農業に分けられる。これを、土地を肥やすため、一定期間耕作をやめる休閑と、農作物の生育中に、その周囲の表土を浅く耕し、土壌の通気性などをよくし、作物の生育を促進させるためにおこなう中耕という視点に基づいて、北ヨーロッパのような乾燥地域でおこなわれる休閑農業と、東南アジアや東アジアのような湿潤地でおこなわれる中耕農業に

　　　分けて考えることの有用性を飯沼次郎は指摘している。

生物相：環境を同じくする場所または地理的に画された一定の地方に
　　　生活している動物、植物、および微生物のすべての種類をさし
　　　て生物相といっている。生物相は、何が、どこに、どんな環境
　　　に、どのくらいいるかを明らかにし、さらに食物連鎖などによ
　　　る群集構造としての把握、その系列におけるエネルギーの流れ、
　　　種間の社会関係などの分析に進むために不可欠の基礎データで
　　　あるといわれている。

ＥＤＩ：ＥＤＩとは、Electronic Data Interchange　の略で、電子デー
　　　タ交換を意味している。標準化された規約（プロトコル）にも
　　　とづいて電子化されたビジネス文書（注文書や請求書など）を専
　　　用回線やインターネットなどの通信回線を通してやり取りする
　　　ことをさし、こうした受発注情報を使って、企業間の取引をお
　　　こなうことも意味する。紙の伝票をやり取りしていた従来の方
　　　式に比べ、情報伝達のスピードが大幅にアップし、人員の削減、
　　　販売機会の拡大などにつながっている。

PPP原則：環境汚染などに対する費用は、汚染物質などを出してい
　　　る原因者が第1次の負担者、つまり支払者であるべきであるとい
　　　う考え方を指す。OECDが1972年に貿易の不均衡を防止する目
　　　的で、「環境政策の国際経済面に関する指導原理」の中で提唱し
　　　た概念である。

ギモンをガクモンに

No.6

家畜糞尿処理のコストはだれが負担したらいいの?

前章でもあげられた家畜が排出する糞尿は、近隣住民に対して悪臭発生などの面から迷惑をかけるという問題とともに、地下水汚染や河川流水域の河口部の水質悪化を招くなど、環境問題の大きな要因といわれています。この家畜糞尿を処理し、問題を起こさないようにするには、何らかの処理システムを考えねばなりません。しかし、システムの構築には費用がかかります。汚染源の農家がこの処理システムのコストを引き受けるべきなのでしょうか。あるいはそのコストが受益者である消費者に対する価格に含まれれば解決するのでしょうか?

経済学的に考えれば、処理システムを導入することは、家畜糞尿がもたらす外部不経済効果を内部化しようとしているとみることができます。経済学の考え方では、その処理コストは一体だれが負担をすべきだと考えられるでしょうか?

第6章

食と農の廃棄物と
環境とのかかわりを考える

キーワード

家畜糞尿／堆肥化／処理費用／受益者負担／共同処理施設

1　食と農の廃棄物とは

　食の廃棄物、あるいは農の廃棄物と聞いて、皆さんはどういうものをイメージされるであろうか？　食の廃棄物としては、食料廃棄といわれる家庭や外食産業での残りもの（残渣）が、真っ先に浮かぶのではないだろうか。それ以外には、購入しても食べられないまま捨てられる食品ロスがある。

　ここで、食品廃棄物とは、食品の製造、流通、消費の各段階で生ずる動植物性残さ等を指している。具体的には加工食品の

製造過程や流通過程で生ずる売れ残り食品、消費段階での食べ残し・調理くず等からなっている。

これら食品廃棄物は、食品製造業から発生するものは産業廃棄物に区分され、食品流通業や飲食店業、そして一般家庭から発生するものは、主に一般廃棄物に区分されている。

環境省の『環境・循環型社会・生物多様性白書』（平成27年度版）によれば、平成24年度（2012年度）に全体では1,703万トンの食品廃棄物が発生しているが、家庭からの廃棄物が885万トンとおよそ半分の51％を占めている。このうちどれだけが再利用されているかをみると、食品廃棄物全体での再生利用率は14％と低く、一般事業系で27％、一般家庭系で6％、産業廃棄物では80％と、特に一般家庭系の食品廃棄物で極端に低くなっており、そのほとんどが焼却や埋め立てという形で処理されているのが現状である。

なお10年前（2002年度）の数字と比較すると、トータルが2,154万トンから1,703万トンに減少し、家庭系も1,189万トンから885万トンに減少している。再生利用率については、家庭系が2％から6％に増加し、他方事業系は24％から27％に減少し、産業廃棄物は73％から80％に増加して、トータルでは22％から14％に減少している。

また農の廃棄物の代表としては、前章であげた家畜糞尿があるが、それ以外にハウスなどに利用されたプラスチックなどの資材や過剰生産品や規格外品として産地で廃棄されるものなどもある。

農業以外の産業もあわせた廃棄物一般は第Ⅰ部の第4章で扱

ったが、本章では食と農の廃棄物に焦点をあてる。とくに前章でオランダの事例で出てきた家畜糞尿とその処理問題について、日本の抱えている問題を明らかにし、具体的事例地として大阪府堺市と兵庫県市島町とを取り上げ、処理の費用負担の実態を明らかにしてみよう。

　さらに堆肥化という手段で、家畜糞尿がもたらす外部不経済効果の内部化をおこなうことの経済学的意味とその処理コストについて理論的な整理をおこなうことにする。これを踏まえて、事例地での実態と重ね合わせることを通じて、家畜糞尿処理における費用負担のあり方について考えることにしたい。

2 ｜ 家畜糞尿処理の状況は？

　家畜糞尿による環境問題とそのための処理は、実際のところ日本ではどうなっているのだろうか。実態を見てみよう。

　図20は、家畜糞尿が原因で発生している環境問題発生件数の推移と、1996年度の環境問題の畜種別内訳を示したものである。発生件数は1973年度の1万1,676件／年をピークに、その後数年は急激に減少し、1980年度頃から減少率はやや鈍り、1996年度にはピーク時の約22％、2,576件となっている。畜種別では、養豚経営に起因するものが最も多く約37％、次いで乳用牛、養鶏、肉用牛の順になっている。このように、畜産環境問題は年々その発生件数が減少し、解消に向かっているかのように見える。しかし、ピーク時の1973年度から1996年度までの畜産農家戸数の減少はそれを上回っており、農家1,000戸当たりの環境問題発生

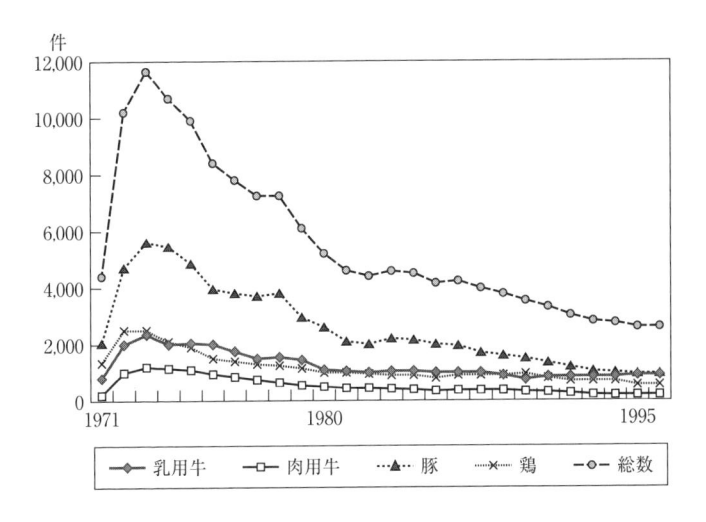

資料）押田敏雄、柿市徳英、羽賀清典共編『畜産環境保全論』養賢堂 1998 年 p.18 より転載

図20　畜産経営に起因する環境汚染問題発生件数の年次推移

件数で見ると（図21参照）、養豚の場合、ピーク時の1973年度には17件／1,000戸であったものが、1996年度には59件／1,000戸と、実に3.5倍に上昇している。他の畜種においても同様であり、むしろ畜産環境問題はより深刻なものになってきているとも考えられる。これらの環境問題発生の原因は、家畜糞尿に起因するところが大きく、これをいかに処理するかということは環境問題解決の大きな鍵になっているといえる。

　わが国においては、1965年頃から飼養農家数が激減した反面、飼養頭数が増加し、一戸当たりの飼養頭数が増大している。肉用牛では1955年に1.2頭／戸であったのが1997年には20.0頭／戸に、乳用牛では、同期間に1.7頭／戸から48.2頭／戸に激増してい

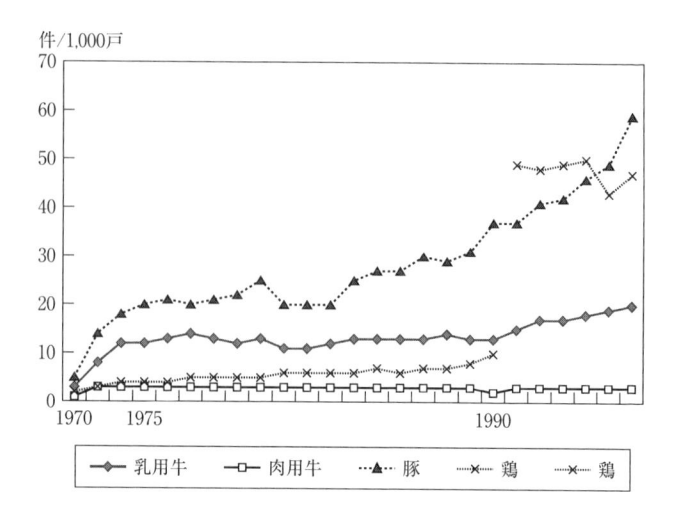

件/1,000戸

資料）押田敏雄、柿市徳英、羽賀清典共編 『畜産環境保全論』養賢堂 1998年 p.19 より転載

図21　農家1,000戸あたり畜産環境問題発生件数の年次推移

る。この背景には、飼育の基盤を輸入飼料に移行させながら展開された激しい多頭化競争や、大手乳業資本の系列化などによって零細農家が脱落し一部大規模経営が展開する、畜産経営の分解過程があった。このようにして一戸当たり飼養頭数が増加し濃厚飼料の投与量が増加したことが原因となって、家畜糞尿の発生量は大きく増加した。1960年代から1990年頃までに、糞尿の発生量は畜種全体で約2.5倍に増加した。なかでも1970年代の増加が顕著であり、環境汚染問題の件数もこのころにピークを迎えている。

　表2に1996年度の家畜糞尿排出量の試算値を示した。これによると排出量は8,545万tと推定され、これはゴミなど一般廃棄物の年間総量5,000万tを上回る膨大な量となっている。畜種の

表2　家畜糞尿排出量の試算値（1996年度）

畜　種	飼養頭羽数 (1,000頭羽)	糞尿量 (1,000t/年)		
		糞	尿	合　計
乳用牛	1,927	15,680	10,270	25,950
肉用牛	2,901	13,852	9,899	23,751
豚	9,900	7,551	13,893	21,444
採卵鶏	190,634	8,699	0	8,699
ブロイラー	118,134	5,605	0	5,605
合　計	－	51,387	34,062	85,449

資料）押田敏雄、柿市徳英、羽賀清典共編『畜産環境保全論』養賢堂
1998 年より引用

　内訳を見ると、1960年代は大家畜である牛の糞尿が約75％を占めていたが、1996年度の試算値では約50％にまで下がってきており、豚や鶏などの中小家畜の糞尿増加が目立っている。しかし、減少してきているとはいえ大家畜である牛の糞尿の割合は全体の半分を超え、家畜糞尿処理の中で重要な課題であるといえる。

　家畜糞尿を生のまま農地に施用するとなると、各種成分の含有量は最大となるが、悪臭や水質汚濁などの環境汚染を招きやすいこと、作物への障害が危惧されること、不潔感や悪臭を伴うため、取扱い・搬送に不便が生じることなど、問題が多数ある。そのため、圃場に還元する場合には、乾燥処理の他に液状コンポスト化や堆肥化などの処理が施される。

　耕種農家側から堆肥化処理を見ると、①堆肥化すると、発酵熱で病原菌や寄生虫卵が死滅する、②ガスが発生することにより、生糞と異なり、作物の生育障害を引き起こす恐れがなくな

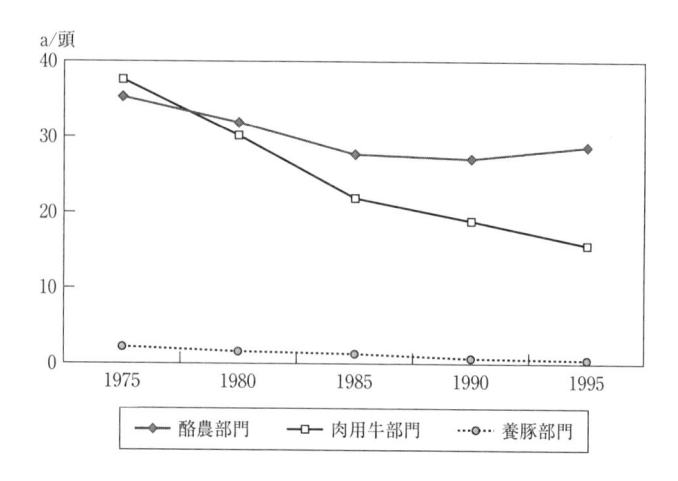

a/頭

凡例：◆ 酪農部門　□ 肉用牛部門　…○… 養豚部門

資料）農林水産省統計情報部『農業センサス』各年次

図22　家畜一頭当たり経営耕地面積

る、③発酵熱で、糞尿中の雑草の種子が死滅する、④悪臭や汚
物感がなくなり、運搬や貯蔵が容易になる、⑤堆肥化の過程で、
易分解性有機物が分解されるので、施用後に地下水汚染などを
引き起こす恐れが少なくなる、等のメリットがある。一方、畜
産農家側から見ると、糞尿を堆肥化し耕種農家に流通させるこ
とは、従来の埋め立て処分や野積み、垂れ流しなどの処理方法
に起因するさまざまな環境負荷を軽減し、有害物質の発生を抑
制できるメリットがある。

　図22に家畜一頭当たり経営耕地面積の推移を示した。これに
よると、家畜一頭当たりの経営耕地面積は、肉用牛部門で1975
年から1995年の20年間に37.6a/頭から15.3a/頭へと半分以下に、
酪農部門でも同期間に35.3a/頭から27.4a/頭へと減少している。

表3　糞尿の処理状況（地域別）

地域名	農家戸数（戸）	1．経営内で全量利用	2．経営内で処理不能外部供給	3．経営耕地に還元だが必要量超過
全　体	30,285	48.6%	22.3%	20.1%
北海道	5,876	65.9%	12.2%	16.1%
都府県計	24,409	44.5%	24.8%	21.1%
近　畿	1,537	35%	28.6%	19.9%

地域名	4．経営内外でも処理しきれず	5．経営内で処理しきれず（1～4の合計）	6．無回答
全　体	6.1%	48.5%	2.9%
北海道	4.1%	32.4%	1.8%
都府県計	6.6%	52.5%	3.1%
近　畿	8 %	56.5%	8.5%

資料）中央酪農会議『酪農全国基礎調査』1995 年

背景には、輸入飼料への依存度の高まりと家畜飼養頭数の増加があるが、直接的には糞尿を還元する圃場が少なくなっていること、すなわち、経営耕地に還元するというこれまでの方法では処理に限界が生じている畜産農家が少なくないことを意味している。

　そこで、実際に酪農経営をおこなっている畜産農家の、現在の処理方法とその状況を示したのが表3である。全国平均では、経営内で糞尿処理が完結している農家の割合と、経営外に頼っている、あるいは経営内外のいずれでも処理ができていない農家の割合がほぼ同じであり、約半数の酪農家が経営内で糞尿を処理しきれていない。地域別に見ると、北海道では経営内で処理が完結している農家の割合が65.9%と全国平均を17ポイント

表4　今後の意向（地域別）

地域名	農家戸数（戸）	1．経営耕地増加経営内で処理	2．近隣の耕種部門に還元	3．近隣では困難広域に還元
全　体	14,694	8.5%	40.1%	7.8%
北海道	1,901	16%	29.8%	12%
都府県計	12,793	7.4%	41.6%	7.1%
近　畿	868	5.3%	39.7%	9.8%

地域名	4．完熟堆肥として販売	5．経営外に頼る要望（1～4の合計）	6．その他	7．無回答
全　体	21.8%	69.7%	5.1%	16.8%
北海道	18.9%	60.7%	5.6%	17.6%
都府県計	22.2%	70.9%	5 %	16.7%
近　畿	15.7%	65.2%	8.3%	21.2%

資料）表2に同じ

近く上回っており、広大な経営耕地を基盤にした酪農経営がおこなわれ、他の地域に比べ糞尿処理に問題は少ないことが伺える。

　これに対して、近畿地方では経営内で処理が完結しているのは35％の農家であり、全国平均より10ポイント近く少なく、また、外部供給をおこなっている農家が4分の1以上あり、わが国の中でも糞尿処理を外部でおこなっている農家が多い地域となっている。さらに、「経営内外でも処理しきれず」と回答した農家が8％と、都府県平均の6.6％を上回っており、糞尿処理に問題を抱えている農家が多い。

　次に、現状において家畜糞尿処理に何らかの問題を抱えている畜産農家の今後の処理の意向を示したのが表4であるが、「経

営耕地を増加させ経営内で処理をおこなっていきたい」という回答をおこなった農家の割合は、北海道で16%と高い数値が示されている。しかし、都府県平均では7.4%、近畿地方では5.3%と低い数字にとどまっており、特に近畿地方は低く、経営外に頼って処理をおこなっていきたいとしている農家が多い。逆に「近隣の耕種部門に還元していきたい」や「完熟堆肥として販売」という回答が、都府県平均で約63%、近畿地方でも約55%と、経営外での処理を希望している農家が多いことがわかる。また、今後の処理に対する方向性を明確に決定していないと思われる「無回答」が、全国平均では16.8%、都府県平均でも16.7%であるのに対し、近畿地方では21.2%とかなり高い数値が示されており、今後何らかの対策が必要と思われる。

この処理状況および意向の調査は、畜産経営の中でも比較的広大な経営耕地を有する酪農経営のみを対象におこなわれたものであり、他畜種の経営では酪農経営以上に多くの農家が糞尿処理を経営外に頼っていると考えられる。つまり、今日のわが国の畜産経営における糞尿処理は、経営内で処理が完結している農家が少なく、処理の意向を見ても、そのような農家は今後も減少していくと想像することができ、外部での処理、特に集団的な糞尿処理施設での処理が重要な課題となってくると予想される。

このような処理施設は、わが国の家畜糞尿処理の現状から見て必要なものではあるが、建設、運営には多額の資金が必要となる。そのため、個人の資金力では建設・運営は困難である。糞尿は一カ所で大量に処理をおこなった方がコスト的にメリッ

トはあると考えられることや、生産された堆肥の流通先である耕種農家との連携のことも合わせて考えると、処理施設は個人ではなく複数の畜産農家が共同で糞尿を搬入し、運営をおこなっていく方がよいと考えられる。そこで、表5に運営主体別の処理施設数を示した。運営主体としては市町村などの自治体、農協、生産組合などがあり、全国的に見ると、生産組合運営の施設が半数以上を占めている。自治体が運営をおこなっている施設は全体の5％ほどで、自治体は糞尿処理施設の運営にあまり関与していないことがわかる。また、表6に平成8年から9年にかけての処理施設を利用している酪農家数の割合の推移を示した。この表を見ると、この1年間で酪農を廃業した農家数を加味して考えても、利用率は伸びてきているといえるが、その伸び方は緩やかなものであり、今後も同様の動きをしていくものと思われる。このような利用率の伸びが鈍い原因として、処理施設の設置、運営状況に問題点があると推測されるが、背景には畜産農家の処理費用負担の問題が存在すると考えられる。

3　調査事例における牛糞処理の実態

　ここでは、牛糞処理の実態を明らかにするために、大阪府堺市の「堺酪農団地」と兵庫県市島町の「市島町有機センター」を事例として取り上げることにしたい。両施設とも農家の自家処理施設ではなく、共同処理施設となっているという特徴を持っている。共同処理施設を事例として取り上げる理由は、最も多い運営形態であるということと、今後望まれる運営形態の1

表5　運営主体別処理施設数

地域名 ＼ 運営主体	市町村	農　協	生産組合	その他	計
全　　国	65	507	1,545	868	2,985
北海道	3	17	78	14	112
都府県	62	490	1,467	854	2,873
東　　北	8	53	192	80	333
関東・東山	6	75	451	224	756
北　　陸	6	27	65	74	172
東　　海	1	21	145	87	254
近　　畿	9	57	122	172	360
中国・四国	5	104	232	100	441
九　　州	27	153	260	117	557

資料）農林水産省統計情報部『農業センサス』1995年

表6　共同施設を利用している農家率

	1996	1997
全　　国	4.4%	5.5%
北海道	0.5%	1 %
都府県計	5.9%	7.2%
東　　北	1.8%	3.3%
関　　東	5.7%	6.7%
北　　陸	11.4%	14.4%
東　　海	15%	16.2%
近　　畿	9.4%	9.5%
中　　国	6.8%	9.4%
四　　国	6.6%	8.1%
九　　州	5.6%	6.6%

資料）中央酪農会議『酪農全国基礎調査』
　　　1996、1997年

つと考えられることからである。

◆ 処理施設設立の経緯

　大阪では昭和38年以降、畜産主産地形成事業や農業構造改善事業、あるいは同和対策事業などによって畜産の団地化が進められ、その一環として堺酪農団地が昭和43年に設立された。堺酪農団地は乳用牛飼養頭数規模並びに用地面積からも大規模団地といえる。しかし、団地設立からまもなく、糞尿を還元する農地が少ないことや、一カ所に糞尿が集中したことが原因となり、深刻な糞尿処理問題に直面した。この問題に対処するため、昭和47年、糞尿を火力で乾燥処理し、農地に還元しようという試みがなされた。その1年後の昭和48年に起こった石油危機が原因で乾燥処理に必要な重油の確保が困難となり、さらに、糞尿還元農地が激減したことや周辺からの相次ぐ環境汚染に対する苦情の発生などから、畜産複合地域環境整備事業の導入によって新処理施設の整備が構想された。新設備は昭和56年に着工し、全施設が完成したのが昭和57年である。この後、平成2年に畜産総合対策事業を導入、発酵施設5棟を増設し、現在に至っている。

　一方の市島町では有機センター設立以前から「有機の里いちじま」という看板を掲げ、減農薬、有機栽培に取り組む耕種農家が多く、稲ワラと糞尿の交換や畜産農家独自の堆肥の販売などがおこなわれていた。しかし、堺酪農団地と同様に昭和末期から平成にかけて糞尿が増加し、畜産農家周辺の民家から環境汚染に対する苦情が発生するようになり、その対策として、こ

れまでの有機の町というイメージをさらにアップさせることも視野に入れ、平成2年に農業構造改善事業を導入して、有機センター建設に着工、翌年完成を見ている。その後、増設はなく現在に至っている。

　以上のように、両施設とも設立の契機は、環境汚染に対する苦情の発生であるが、市島町の場合は、堆肥の利用によるイメージ・アップという外部経済効果を考慮しているという点で、堺酪農団地と異なる。

◆ 処理施設の概要

　表7に両処理施設の概要を示した。最も大きい相違点は、運営主体である。堺酪農団地では畜産農協が運営主体であるのに対し、市島町有機センターでは、自治体である町が運営主体となっている。施設設立時点においても、事業費負担割合は、堺酪農団地では事業費の6分の1を団地内の酪農家が自己負担しているのに対して、市島町有機センターでは畜産農家の自己負担はないという違いがあった。

　この他の両者の相違点としては、施設を利用している畜産農家数が、酪農団地の26戸（うち団地外9戸）に対して、市島町では7戸となっている。これは、それぞれの市町内の総畜産農家数の81％、10％にあたる。処理されている牛の頭数は、堺酪農団地が乳用牛約1,000頭、市島町有機センターが乳用牛、肉用牛合わせて約410頭となっている。畜産農家一戸当たりの利用頭数は、堺酪農団地では、団地内の酪農家のみで平均すると、約56頭／戸となり、市島町有機センターの約46頭／戸を上回る。この

表7　両処理施設の概要

	堺酪農団地	市島町有機センター
設置年	S56、H3	H3
事業名	畜産複合地域環境対策事業	農業構造改善事業
	良質堆きゅう肥供給モデル事業	
総事業費	約8億円	約2.8億円
事業費負担割合	国1/2・府1/6・市1/6	国1/2・県1/10・町2/5
	自己負担1/6	
運営主体	堺市畜産農協	市島町
施設規模	約1.6ha	約0.7ha
主な機器類	トラクターショベル3台	堆肥袋詰め機1機
	袋詰め施設2機	自動計量トラックスケール
	4tダンプカー2台	堆肥積み込み機ショベルローダー
	バキュームカー2台	堆肥散布マニアスプレッダー
		堆肥運搬専用車3台
主要施設	天日乾燥施設19棟	堆肥舎棟1,718m²
	堆積強制発酵施設4棟	生成物置場棟906m²
	発酵乾燥ハウス5棟	管理棟43.66m²
	集積場2棟　尿蒸発施設一式	
施設利用畜産農家数[1]	団地内17戸・団地外9戸	7戸
頭　数	乳用牛約1,000頭	乳用牛約160頭肉用牛250頭
堆肥購入農家数	約150戸	約1,800戸
処理規模（牛糞のみ）	約18,000 t/年	約6,600 t/年
地域内推定糞尿発生量[2]	35,892 t/年	25,331 t/年
地域内の糞尿処理率[3]	60.3%	26.2%

資料）聞き取り調査により作成

注 1）施設利用畜産農家数以下の数字は平成9年度のもの

　　2）推定糞尿発生量は平均糞尿量を乳用牛60kg/日・頭肉用牛41kg/日・頭（中央畜産会）として計算

　　3）地域内での糞尿処理率は施設での年間処理量を推定発生量で除することで求めた

ように、堺酪農団地の方が施設利用畜産農家数、頭数ともに多く、年間糞尿処理規模は約18,000tと、市島町有機センターの約6,600tの約2.4倍に当たる。堺酪農団地での年間処理量は、堺市内で発生していると推定できる牛糞尿の約60%であるのに対し、市島町有機センターでは約25%しか処理していない。しかし、両施設とも、現在の処理量が施設の処理能力の限界にしだいに近づきつつある。

◆ 堆肥の販売

両施設で生産された堆肥は、さまざまなルートで流通し、最終的には耕種農家の圃場に還元されるが、その製品の形態は大きく二つに分けることができる。一つは「バラ製品」、もう一つは「袋詰め製品」である。

表8に、施設ごとの堆肥価格および平成9年度の販売量を示した。「バラ製品」の場合、堺酪農団地では、耕種農家が団地へ直接堆肥を取りにいくと1,000円/m^3、耕種農家の耕地まで運搬を依頼すると2,250円/m^{3}となる。一方、市島町有機センターの場合、堺酪農団地のように耕種農家が有機センターまで取りにいくという形態はなく、耕地まで運搬する形態と、時期は毎年10月上旬から11月下旬までと限定されているが、散布も有機センター側で請け負うといった販売形態をとっている。価格は運搬付きが1,630円/m^{3}と堺よりも安くなっているが、散布を伴った製品は、価格が2,380円/m^{3}と若干高くなっているため、バラ全体を平均した価格は市島町有機センターのほうが高い。

「袋詰め製品」については、荷姿は両施設とも大きな相違点は

表8　価格・販売量の比較

項　目	販売形態		堺酪農団地	市島町有機センター
価　格	バ　ラ	運搬なし	1,000円/m³	
		運搬付き	2,250円/m³	1,630円/m³
		散布付き		2,380円/m³
	平　均		1,435円/m³	2,019円/m³
	袋		320円/40L	504円/40L
販売量	バ　ラ		2,083m³	4,817.5m³
	袋		2,250m³	1,405.5m³

資料）表8に同じ
注 1) 斜線はその販売形態がないことを示す

　なく、内容量もほぼ同量の40リットル前後となっている。価格は市島町有機センターの方が袋当たり（40L入り）約180円高く504円である。また、両施設とも、袋製品の方がバラ製品よりも割高となっている。

　バラ製品については、堺酪農団地では、ほぼ全量を団地独自で堺市内の耕種農家向けに販売しており、団地側から耕種農家への運搬は、契約している運送会社がおこなっている。市島町有機センターでは、購入者は堺酪農団地と同じく市島町内の耕種農家のみとなっているが、注文を受けつけ取りまとめる役割をＪＡが担っている。耕種農家への運搬は、有機センター所有の2tダンプカーでおこなっている。袋詰め製品については、堺酪農団地では堺市、大阪狭山市のＪＡを通じての販売が年間販売量の約6割で、残りの4割は肥料会社を通じて販売されている。市島町有機センターでは、市島町を含めた氷上郡内のＪＡを通じての販売のみである。

表9　処理量・製品化率の比較（単位：m³）

	堺酪農団地	市島町有機センター
年間処理量[1]	21,600	11,065
製品販売量（バラ＋袋）	4,333	6,223
製品化率[2]	34.3%	91.5%

資料）資料：表8に同じ
注 1) 年間処理量は、製品化率計算のため体積換算してある
　　 2) 製品化率は、年間処理量と搬入時および製品の水分率から可能な
　　　　製品生産量を算出し、現実の販売量でそれを除したものである

　表9に両施設の牛糞処理量、堆肥販売量および製品化率を示した。これを見ると、処理規模は堺酪農団地の方が約2.4倍多いにもかかわらず、販売量は、市島町有機センターの方が約1.6倍多くなっている。さらに堆肥価格は市島の方が高い。このように、市島町有機センターでは、堺酪農団地よりも価格が高いにもかかわらず、堆肥が多く売れている。

　この原因には、堺酪農団地では水分調整の方法として戻し堆肥法を用いているため、生産効率が悪くなっていること、また、市島町有機センターでは十分な時間をかけずに処理を済ませ、堺酪農団地に比べて質の悪い堆肥を販売しているという可能性があげられる。しかし、戻し堆肥法により生産量が限られている堺酪農団地においても、もう少しは生産を拡大することは可能であると思われるので、製品の質が長期間維持できないことを考慮して、生産を控えているということが考えられる。

4 ｜ 処理費用の分析

◆ 処理施設の収支

　表10に、平成9年度における両施設の運営収支を示した。収支は、堺酪農団地が過去から継続して赤字、市島町有機センターはここ2、3年は次年度繰越を出す黒字運営となっている。毎年の決算方法は両施設で異なり、堺酪農団地では、上記のように当該年度に販売した堆肥の収入から、処理にかかった費用の差を算出し、マイナス分を牛糞処理料金として団地内の酪農家に飼養頭数に応じて負担させている。つまり、表中の「処理料金」の項目は、堺酪農団地については、1年ごとの販売実績や処理費用によって大きく左右される。

　一方、市島町有機センターでは「処理料金」は、あらかじめ搬入牛糞1tにつき、乳用牛は500円、肉用牛は100円と決定しており、毎年変動することはない。表中の金額は平成9年のものであるが、処理料金が堺酪農団地は2,000万円余りであるのに対して、市島町有機センターでは約250万円にとどまっており、両地域での畜産農家の負担に大きな差が見られる。

　堺酪農団地の収入は、堆肥の売上げと処理料金（畜産農家の負担）のみであるが、これに対して、市島町有機センターには自治体の補助金が入っていることが、このような負担金の差を生んだ原因の一つであるといえる。自治体の補助は、平成9年度に限ったことではなく、市島町有機センターが設立された当初

表10 両施設の収支状況

項　目		堺酪農団地			市島町有機センター		
		金額（円）	堆肥1m³当たり[1]（円）	シェア[2]	金額（円）	堆肥1m³当たり（円）	シェア
収入	堆肥のみの売上	16,676,000	3,848.6	43.6%	20,796,443	3,341.9	50.0%
	散布による売上				2,250,000	361.6	5.4%
	処理料金	21,572,000	4,978.5	56.4%	2,553,977	410.4	6.1%
	自治体の補助				4,933,000	792.7	11.9%
	前年度繰り越し				10,845,769	1,742.9	26.1%
	積立金利子				213,194	34.3	0.5%
	小　計	38,248,000	8,827.1	100.0%	41,592,383	6,683.7	100.0%
支出	人件費	19,610,000	4,525.7	51.3%	10,094,432	1,622.1	24.3%
	光熱費	5,893,000	1,360.0	15.4%	3,067,514	492.9	7.4%
	燃料費	821,000	189.5	2.1%	1213435	195.0	2.9%
	修繕費	3,431,000	791.8	9.0%	5,068,061	814.4	12.2%
	資材費	2,239,000	516.7	5.9%	1,312,252	210.9	3.2%
	消耗品費	3,303,000	762.3	8.6%	1,227,946	197.3	3.0%
	配送費	2,060,000	475.4	5.4%			
	販売手数料				993,706	159.7	2.4%
	備品購入費				4,851,000	779.5	11.7%
	その他費用	891,000	205.6	2.3%	133,514	21.5	0.3%
	積立金				5,580,000	896.7	13.4%
	次年度繰越				8,050,523	1,293.7	19.4%
	小　計	38,248,000	8,827.1	100.0%	41,592,383	6,683.7	100.0%

資料）資料：表8に同じ

注 1) 堆肥1m³あたりは、年間堆肥生産量は堺4,333m³、市島6,223m³として算出。

　　2) シェアは小計に占めるシェアである

　　3) 処理料金のうち畜産農家の負担は堺20,803,000円、市島1,881,352円である

から継続しているもので、この継続した補助が毎年繰越金を出す運営に結びついており、堆肥の売上げのみでは、有機センターも黒字運営にはなっていなかったと推測できる。

　次に支出の面であるが、全体的に堺酪農団地の方で費用が多くかかっている。市島町有機センターでは、積立金や、次年度繰り越しを除いて、実際に処理・販売にかかっている費用を計算すると年間約2,800万円となり、堺酪農団地よりも少ない。

　また、処理にかかる費用では、「人件費」の開きが大きく、有機センターでは、1,600円程度の人件費で堆肥が1m³生産できているのに対し、堺酪農団地では、4,500円余りもかかっている。堺酪農団地の方が、人件費がかかっている原因は、雇用方式の違いによるものである。処理施設では、人手が多くかかる時期とそうでない時期があるが、市島町有機センターでは、忙しい時期に臨時で作業員を雇っているのに対し、堺酪農団地では、作業員を固定して毎日8時間雇い、さらに1か月のうち半月は必ず3人で作業をおこなってもらい、残りの半月は2人でもかまわないという契約を結んでいる。市島町の人件費は変動費、堺酪農団地の人件費は固定費となっているのである。

◆ 損益分岐点分析

　以下では、表10をもとに損益分岐点分析をおこなった。市島町有機センターについては「修繕費」、「備品購入費」、堺酪農団地については「人件費」、「修繕費」を生産量に依存しない固定費としてとらえ、その他の処理にかかる費目は全て、生産量の増加に伴って増加する変動費としてとらえた。その結果を示し

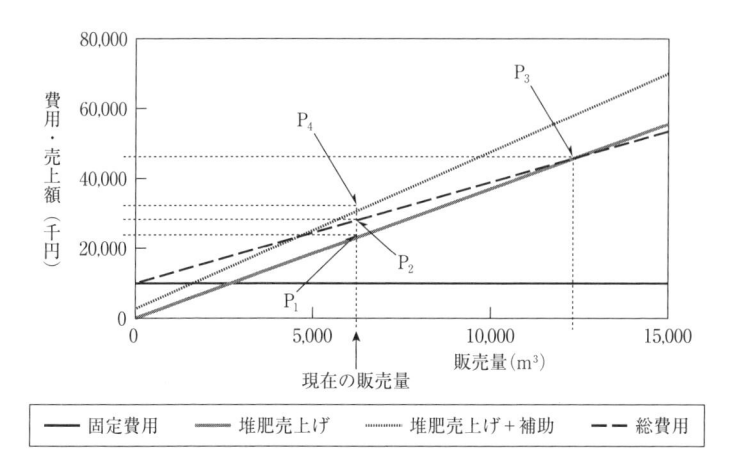

図23　損益分岐点（市島町有機センター）

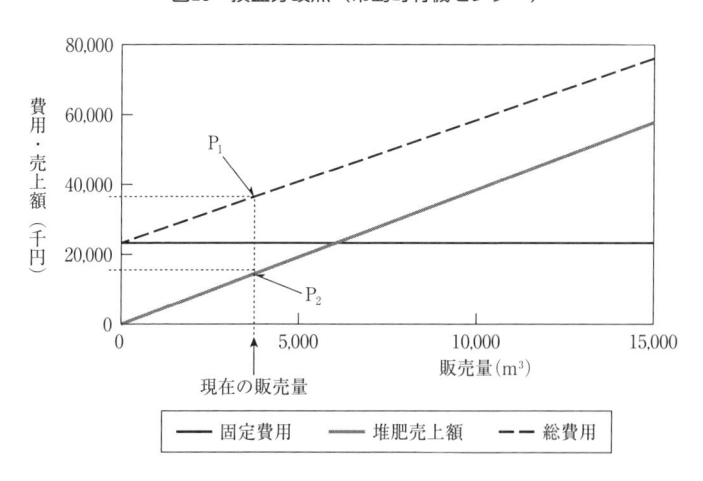

図24　損益分岐点（堺酪農団地）

たのが、図23と図24である。

　市島町有機センターでは、収入が堆肥の売上げのみであれば、現在の堆肥販売量では総費用が堆肥売上額を上回っており、P_1

－P_2分の赤字が発生していることになる。しかし、上述したように、自治体の補助を考慮に入れた場合、現在の販売量において収入が総費用を上回り、P_4－P_2分の黒字が発生していることになる。現実に黒字運営ではあるが、自治体の補助が存在しなければ赤字運営になっている。

　図中のP_3は損益分岐点である。この点まで販売量が伸びれば、現在の堆肥価格のままでも収支が一致することになるが、損益分岐点における販売量は現在の販売量の約2倍である12,336m^{3}であり、現状の施設の処理能力では生産不可能である。ゆえに、堆肥価格が現在のままであれば、運営には自治体の補助が欠かせないということになる。

　次に、堺酪農団地について見てみよう。市島町有機センターと同様に、現在の販売量において総費用が堆肥売上額を上回っている。酪農団地では、収入は堆肥売上げのみであるので、現実にP_1－P_2分の赤字が発生しており、この赤字部分は、畜産農家が全て負担している。損益分岐点における販売量については、図中には示されていないが、計算すると29,742m^{3}となった。これは、平成9年度の販売量の約7倍という膨大な量であり、とうてい生産不可能である。また、現在の販売量で収支を均衡させるには、堆肥の価格を1m^{3}当たり8,827円にしなければならず、現在の価格の約2倍であり、非現実的であると言わざるを得ない。つまり、現状の堆肥生産の費用効率の悪さが見て取れる。

◆ 処理費用の負担割合

　表11は、堺、市島両市町の処理施設において、糞尿を処理し、

表 11　平成 9 年度における処理費用の負担割合（単位：円 /m³）

	堺酪農団地		市島町有機センター	
	金　額	構成比	金　額	構成比
耕種農家	3,848.6	43.60%	3,703.5	75.48%
畜産農家	4,978.5	56.40%	410.4	8.36%
一般市町民	0.0	0.00%	792.7	16.16%
合　計	8,827.1	100.00%	4,906.6	100.00%

資料）表 8 に同じ

堆肥生産をおこなうのに、耕種農家、畜産農家、それ以外の市町民の三者が、平成 9 年度において、どのくらいの割合で費用負担をおこなっているのかを示したものである。耕種農家の負担額は、それぞれの処理施設において、年間の堆肥の売り上げを年間販売量で割ったものを、畜産農家の負担額は、年間で畜産農家が負担した金額（堺酪農団地では「負担金」、市島町有機センターでは「処理料金」）をそれぞれ年間販売量で割ったものを適用した。一般市町民の負担額については市島町のみであるが、平成 9 年度における町からの補助金を年間販売量で割ったものを、それぞれ適用した。

　これをみると、畜産農家の負担は、堺酪農団地の方がきわめて多くなっているのがわかる。耕種農家の負担は、市島町有機センターでは 3,703 円 /m³、75.48%、堺酪農団地では 3,849 円 /m³、44.49% となっており、負担額に大きな差はないが、酪農団地では、合計の半分以下の負担しかしていないのに対し、有機センターでは、合計の 4 分の 3、畜産農家の 9 倍以上の負担をしている。また、市島町では、一般町民が合計の 16% 余りの負担を

しており、これは、同地域の畜産農家の負担の約2倍にあたっている。

5 ｜ 堆肥化による家畜糞尿処理と処理コストの経済学的意味

全体をまとめる前に、堆肥化という再資源化処理によって、家畜糞尿がもたらす外部経済効果の内部化を図ることの経済学的な意味とその処理費用の問題を、理論的に再整理しておきたい。

通常、家畜糞尿であれ何らかの原因で発生する外部不経済効果を、資源配分の観点から効率的な点に移行させるには、ピグー税などによる経済的手段によって内部化を図ることで、理論的には可能である。

その際、生産あるいは生活といった経済活動が、外部不経済効果を発生させている場合、経済活動の水準を現状より引き下げた水準が最適点となる。その場合でも、外部不経済である迷惑や環境破壊という社会にとっての費用は完全になくなってしまうわけではなく、またなくなることが最適なわけでもない。

第2章で詳しく述べたように、限界外部費用（ＭＥＣ）曲線と供給曲線に対応する私的限界（ＰＭＣ）曲線とを上方に足し合わせてできる社会的限界費用（ＳＭＣ）曲線と、需要曲線であるところの私的限界便益（ＰＭＢ）曲線とが交差する点まで、経済活動を引き下げることが最適となるはずである。

その時、注意が必要なのは、外部費用は残存しているということである。需給の曲線が示す外部費用が全くなくなる交点も、現状のように外部費用が多大にある交点も、同様に最適ではな

い、望ましくないということが重要である。

　これに対して、家畜糞尿の堆肥化という再資源処理手段による外部不経済の内部化の場合、糞尿の発生プロセスや処理に至るまでの期間の外部不経済の問題をここでは別とすれば、再資源化によって、糞尿という廃棄物そのものがなくなり、外部不経済効果も全くなくなってしまうという点で大きな違いがある。

　この点を中心に、2つの内部化手段間の違いを、簡単な図を用いて、考えてみることにしよう。

　家畜糞尿処理の限界費用曲線や平均費用曲線を、家畜生産の需給均衡の平面に描いて、処理費用を考慮に入れた家畜生産農家の意思決定を考えてみよう。そのために、以下のような単純化のための仮定は許されると考えられる。

　まず、家畜糞尿の発生量は、家畜頭数の増加とともに比例的に増加する（原点からの右上がりの線形関係）。同様に、家畜糞尿の増加はたい肥生産量をも比例的に増加させる（原点からの右上がりの線形関係）と考える。

　すると、家畜頭数と堆肥の生産量との間にも原点からの右上がりの線形関係が仮定されることになる。

　また他方、「堆肥生産コスト」＝「家畜糞尿処理コスト」であるので、横軸に家畜の頭数をとり、縦軸に家畜糞尿処理コストをとった平面を考えることができる。

　この考え方に基づいて、家畜が追加的に1頭増えた時という意味の家畜糞尿の限界処理費用（ＭＤＣ）と平均処理費用（ＡＤＣ）、平均可変費用（ＡＶＤＣ）の曲線群を、横軸に家畜頭数をとって描いたものが、図25である。Ｕ字型のＡＤＣとＡＶＤＣの

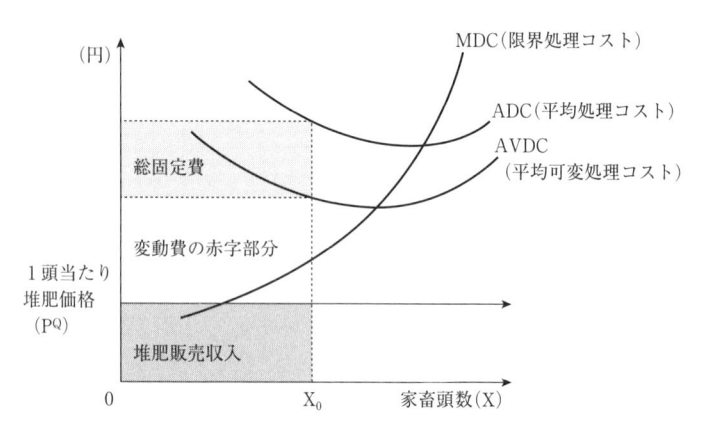

図25　家畜糞尿処理の家畜頭数当たりの平均費用と限界費用

最低点をＭＤＣが右上がりの状態でクロスしていくというのは、通常の教科書等にも記載されているのと同じである。

　この図を見るとき、注意しなければならないのは、この図の上で家畜頭数（Ｘ）が決定されるわけではなく、家畜の飼育頭数が例えばX_0に与えられたとき、限界費用や平均費用、さらに総費用の大きさ、家畜1頭当たりの堆肥価格を通しての赤字の大きさがわかるという点である。

　家畜1頭当たりの堆肥価格（P^Q）と家畜頭数X_0とで囲まれた面積は、堆肥の販売金額を示し、これとＡＤＣとX_0で囲まれた総可変費用といったものの差で赤字額、言葉を変えるとネットの処理費用がわかるのである。

　そこで、P^Qより上方のＭＤＣに相当するこのネット部分だけを取り出すと、ネットの限界処理費用（ＮＭＤＣ）が導出される。これを通常の限界外部費用（ＭＥＣ）曲線を用いた分析と比

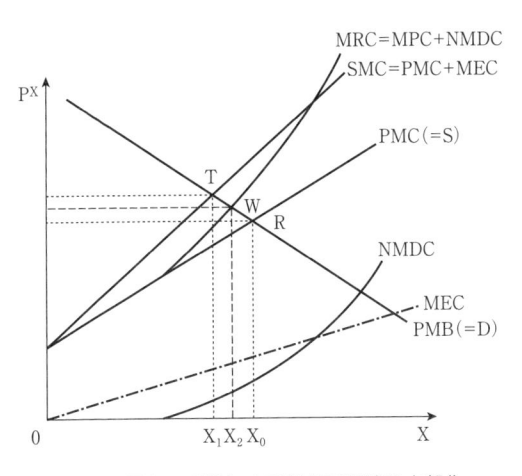

図26　異なる手段による外部不経済の内部化

較しようというのである。

　図26は、横軸に家畜の頭数（X）を示し、縦軸には金額をとったものである。この図で、右上がりの曲線ＰＭＣは、私的限界費用曲線つまり家畜の供給曲線であり、右下がりの曲線ＰＭＢは、私的限界便益曲線、需要曲線である。

　また、ＭＥＣは限界外部費用曲線で、ＰＭＣとＭＥＣとを上方に足し合わせたのが社会的限界費用曲線を示すＳＭＣである。

　先にも述べたように、通常の外部不経済の内部化の議論では、ＰＭＣとＰＭＢの交点Ｒから、ＳＭＣとＰＭＢの交点Ｔに移行させることが、資源配分上の観点から望ましいというものであった。

　ここで、先の図25で導出した家畜糞尿のネットの限界処理費用を示すＮＭＤＣを図26に書き加えてみよう。

　そして、これを生産に要する費用と考えれば、このＮＭＤＣ

がＰＭＣに加わったものが、新たな家畜生産の限界費用となるはずである。つまり、両者を上方に足し合わせたものが、糞尿の再資源化を考慮に入れた場合の限界費用であり、ＭＲＣとして描いてある。

　この場合、需給均衡はＭＲＣとＰＭＢとの交点Ｗで決まり、家畜生産量はX_2、家畜の価格はＰX_2となる。ただし、これは、生産者が最低限変動費部分はすべて負担している場合である。

　このような場合、Ｗ点において、外部不経済は再資源化という手段によって内部化されているが、これとＴ点における最適化を目指す内部化とはどのような関係にあるのかは未だあまり定かとは言えない。特に、一方では減少するとはいえ糞尿が残り、他方では糞尿が無くなり堆肥というものが生み出されている点には、十分注意しておく必要があろう。

　それとともに、ＭＥＣとＮＭＤＣの形状の違いで、家畜生産量や価格に与える影響が左右されることも確認しておく必要がある。ＭＥＣ＜ＮＭＤＣならば、ＷはＴの左上方で、X_1＞X_2となり、逆にＭＥＣ＞ＮＭＤＣならばＷはＴの右下方で、X_1＜X_2となることだけは確かである。

6　事例調査と理論的考察とをあわせれば

　最後に、図25と図26とを見ながら、処理コストの負担について、事例地の問題と合わせながら考察をおこなってみよう。

　2つの事例地とも、基本的に初期投資にあたる固定費部分は、実質的に共同負担である公費に依存している部分が多い。変動

費部分については、2つの事例とも耕種農家が価格に上乗せする形で一定額を負担をしているが、堺市では規定額を超える分はすべて畜産農家が負担し、市島町の場合は畜産農家と町民の共同負担という形でシェアしていた。

　ということは、堺市の場合は、ＮＭＤＣはそのままであるが、市島町の場合のＮＭＤＣは、形状特に勾配に変化が生じ、均衡点Ｗは右方に移動している。町民が共同負担することによって畜産農家の負担を軽減し、家畜生産の減少を小さくしようという意図がそこには読み取れる。これは地域社会において畜産農家が果たす寄与の大きさを反映していると考えられる。町民の共同負担がなければ、農家の生産縮小が余儀なくされ、それによって地域社会の活力低下を招くと判断され、これを避けたいとの意図が町民の共同負担を取り入れた1要因として考えられる。

　また、町民の共同負担の存在自体が、畜産農家の汚染抑制行動、ここでは再資源化による内部化への誘因となっているとの考えもある。

　堺市の場合、運営費用のみを考えるならば、当事者の自己負担のみとなるが、糞尿処理施設の設立の際に、補助事業を導入しているので、広い意味で処理に関連のある市民の共同負担が存在すると考えられる。この共同負担、補助事業が畜産農家にとっての事業継続の大きな誘因になっていることは否定できない。これは市島町にとっても同様であろう。

　このように両事例とも、共同負担の存在そのものが、外部費用を再資源化という手段によって内部化をおこなう誘因となっ

ていることは、強調しておいてもよいと思われる。この外部費用の再資源化という手段による内部化は、共同負担の適用が無ければ進展しなかったかもしれないと思うのである。

さらに、2事例の負担の違いを見る際に、もう1つの論点にも注意が必要であろう。それは、権利の所在とその優先度、あるいは汚染者負担と受益者負担との関連である。

第3章で触れた、滋賀県の琵琶湖の水質汚染とその琵琶記に水源を持つ淀川の水を利用する大阪府の関係を思い出して欲しい。生活・産業活動による滋賀県民による琵琶湖の汚染とその水を利用している大阪府の関係では、汚染を出しながら経済活動をする権利とその水を利用させてもらって経済活動をする権利と、どちらに優先する権利があるのか、いずれとも言えないというものである。そのため、汚染者負担と同様に受益者負担として大阪府が費用を分担しているというのが現実である。

この関係を、堺市と市島町という2つの事例地について当てはめてみれば、負担の違いの一部は説明可能であると考えられる。

市島町の場合、外部不経済がなくなり良好な環境という便益を受けるのは、ほぼ市島町の町民全体であると考えられる。これに対して、堺市の場合、良好な環境という便益を受けるのは、堺市全体というよりもかなり限定された地域の住民であると考えられる。

その意味で、市島町では、受益者＝市島町の町民（納税者）ということから、共同負担について社会的合意が得られやすかったと推測される。また、市島町の場合、「有機の里いちじま」と

いうテーマを掲げ、町全体で運営し、有機センターの堆肥を使った農業を推進していこうという合意があったことも大きかったと思われる。

他方、受益者がかなり限定された地域の住民であるという根本的な問題とともに、堺酪農団地がこれまでに畜産公害の発生源として認識されていたこと、さらに非農家率が高いことが、堺市で合意を得ることをさらに困難にしてきたと考えられる。

しかし、合意を得るためには、どの程度の共同負担が適正であるのかを明確にする必要がある。市島町では、町内の25％の糞尿を処理していたが、将来を見据えた場合、処理率が高まることが推測された。その際、処理費用が嵩んでくると、町の財政状況からは同様の共同負担率を維持できるとは考えにくい。今後の運営を安定して継続していくためには、遅くならないうちに明確な基準を制定することが必要であろう。

以上のように共同処理施設を運営していく上では、共同負担の原則の適用も必要となるであろうが、同時に施設の自己負担を縮小する自助努力も必要である。すなわち、堆肥の質やサービスの質の向上をはかり、利用の者の便益を増大することによって売上げを伸ばしすことで収入を伸ばし、実質的な処理費用負担を縮小することも必要である。

ギモンをガクモンに

No.7

農業分野の環境政策にはどんな特徴があるの?

　地球温暖化に代表されるように、地球規模で広がる環境問題に世界各国でさまざまな環境政策が実施されています。なかでも自然と直接関わる農業に関する環境政策は、農業環境政策と呼ばれています。

　この農業環境政策の政策手段について、実施されている各国間で何か大きな違いはあるのでしょうか?あるいは、なにか共通するような特徴のようなものはあるのでしょうか?

　例えば、アメリカとＥＵとを比較してみても、重点の置かれ方には違いはあるのでしょうか?　もし違いがみられた場合、それはどんな違いなのでしょうか?また、それにはどのような理由があるのでしょうか?いろんな疑問がわきあがってきます。

　また、他の産業分野での対応と比べた時に、農業分野の環境政策のとられる手段には大きな違いがみられるようです。それはなぜでしょうか。

　こうした疑問についてじっくり考えてみましょう。

第7章

農業に関わる環境政策を考える

キーワード

外部性の内部化／規制的手段／経済的手段／

クロス・コンプライアンス／PPP(汚染者負担の原則)

1 農業環境政策における政策手段とその特徴

　第3章では「外部性の内部化」という視点から、環境政策の主たる政策手段とその特徴などをまとめておいた。

　ここでは、さらに具体的に農業分野における環境政策に焦点を絞って、その特徴や傾向などを考えてみることにしたい。

　農業分野においても、環境に関わる外部性を内部化しようとする政策を環境政策と考えるという位置づけは変わりはない。

　この農業環境政策の分野では、Vojlech（法政大学比較経済研究所・西澤栄一郎編『農業環境政策の経済分析』日本評論社、2014、5〜6頁）のように、政策手段を以下の4つのもの、つまり①規制的手法

（規制、クロス・コンプライアンス）、②経済的手法（環境支払い、環境税、許可証取引）、③助言・制度的手法（研究開発、技術支援・普及、ラベリング・基準・認証）、④コミュニティ支援というものに分けて考えるのが代表的であろう。

　もう少し詳細なものとしては、1991年に出されたOECDのバックグラウンド・ペーパーの分類がある。このペーパーでは、農業環境政策の政策手段を、以下の5つの手段に整理しその特徴を整理している。まず、①クロス・コンプライアンス的手段、つづいて②汚染抑制のためのインセンティブ、さらに③直接的収入支援、そして④セット・アサイド政策、最後に⑤投入物と産出物の割り当て、この5つである。

　①は農地や水資源の利用に関して、生産者が財政的支援を受ける場合、土壌や水そして自然などの保全条項を遵守することを条件・要件とするものである。②は肥料や農薬の使用に関して、作られたものに対する課徴金や過剰糞尿に対する排出課徴金などを指している。③は環境保全的な農業を営む経営に対して、直接的な所得補償をおこなうものを指している。④は本来過剰対策としてなされるものであるが、休耕地の適切な管理や保全などの基準について、環境保全の効果が大きく期待されるものを意味している。最後に⑤は売買可能な排出権を用いるもので、有害物の環境許容量を決定しておくことで環境負荷そのものを軽減できると考えられるものである。

　こうみてくると、農業分野での場合も、基本は直接規制や課徴金・補助金といった金銭的インセンティブを伴う、第3章で述べた一般的な環境政策の手段と共通するものが多いことがわ

かる。そうした中で目につくのは、「クロス・コンプライアンス」という耳慣れない言葉であろう。これは農業分野に特徴的なものといえるだろう。

クロス・コンプライアンスとは、一般には、特定の施策に関する補助などを受ける際に、別の施策によって設定された要件の達成を必須の条件として求める手法を指している。1985年ごろから、アメリカやEUで政策手段として本格的に導入されはじめた。

その他の特徴としては、PPP（汚染者負担原則：polluter pays principle）をそのまま適用して、農業者に環境税や課徴金を課すという政策手段の適用がきわめて少ないということがある。

PPPは、OECDが1972年に採択した「環境政策の国際経済的側面に関する指導原則」で勧告されたものが基本となる、環境汚染を引き起こす汚染物質の排出源である汚染者に、発生した損害の費用をすべて支払わせる、という原則である。この原則に従い課徴金や税金を課す政策は一般の環境政策には多く見られるが、農業分野の場合極めて少ない。むしろ汚染除去の費用を汚染者に補償するという政策手段を用いていることが多いのが特徴的である。

この両者については、第4節と第5節とで節を改めて少し詳しく考えてみることにする。

2 わが国における取り組みの特徴と課題

◆ 取り組みの歴史的展開

わが国においては、農業は環境に負荷を与えにくい活動、環境にフレンドリーな産業と長きにわたって見られてきたように思われる。アメリカでは土壌、EUでは水を媒介に、農業は環境に負荷を与えるものであるという社会認識が徐々に形成され、定着してきたこととは対照的である。

日本では、農業と環境との対立という観念は希薄で、農業は本来環境に優しいもの、良いものという意識が長く続いてきたのである。

こうしたわが国においても、まず「環境保全型農業」という言葉が使われはじめ、政府の公的文書である農業白書に1991年には登場する。そののち各種文書に頻繁に使われるようになるが、この1990年代はじめが1つの転換点であったといえよう。しかし、この段階では、環境保全型農法の開発と普及、そして農業者への啓発をおこなうという性格が強かったように思われる。

次のステップとしての環境保全を直接の目的とする施策は、「食料・農業・農村基本法」（1999年）と環境三法（持続農業法、家畜排せつ物法、改正肥料取締法）の成立を契機に始まったといえよう。これが、2000年の「食料・農業・農村基本計画」へ続き、次第に農業政策の中に環境政策の側面が展開していった。

◆ 政策の違いに基づくと

　わが国の農業環境政策の場合、2つの側面からの政策が展開されてきた。

　まず、農業が環境に正の外部性を与えている側面、いわゆる農業の多面的機能に対して、農家へ直接支払を実施する「中山間地域等直接支払制度」が2000年に導入されている。これは、EUの条件不利地域政策を参考にして設計されたものとみることができる。

　「中山間地域等直接支払制度」は、産業としては条件が不利である山間地などの農業についても、農業生産の継続への支援は、農業のもつ環境に対する外部経済効果を将来にわたり保持することにつながるという考えのもとに設計されたものと位置づけられる。ただ、EUなどでの個別農場が対象となっているのとは異なり、日本のこの直接支払は集落単位に支払われるという対象の違いがわが国独特のものと思われる。

　他方、農業が環境に対して不経済効果を与えているという側面については、大きく3つの枠組みで政策対応がとられていると思われる。1つは、生産者が環境保全のために最低限とらねばならないものを規範・ルールとして定められているものである。次に、生産者がこの規範・ルールに基づいて行動しない場合、農政による多様な支援策を受けられないというのが第2の対応である。つまり、経営安定対策での助成を受けるためには、環境保全のための規範を満たす必要があるという、クロス・コンプライアンス型の手法がとられている点である。これを用い

て、環境に大きな負荷を与えながら農業をおこなっている生産者に対して、望ましい方向に誘導していこうというものである。第3の対応は、環境に対して負荷の小さな農業という基準を定め、これを満たすものを環境保全型農業と名づけ、こうした農業をおこなうという生産者に対して直接支払という形でサポートするというものである。具体的には2007年から実施された「農地・水・環境保全向上対策」である。実施当初は、環境保全に向けて先進的な営農活動に取り組む生産者に対して財政支援をおこなう前提として、地域の共有資源の維持保全活動が必要な条件となるというクロス・コンプライアンスの構造をしていた。「共同活動」を条件に、「営農活動支援」という直接支払がなされるわけである。

　共同活動を一階部分、営農活動を二階部分と呼び、一階部分が要件化されていたわけである。この直接支払いは、地域でまとまって取り組む必要があるという条件がついていたが、2011年になってこの共同活動に対する支援と営農活動に対する支援とは別個の対策に分かれた。「農地・水保全管理支払交付金」という共同活動支援と「環境保全型農業直接支援支払交付金」という営農活動支援である。後者は、販売農家であれば、農業環境規範に基づいて経営し、さらにエコファーマーの認定を受けることで、財政的支援の対象となるというものである。

3 ｜ アメリカや EU での取り組みの特徴と課題

◆ アメリカとEUの取り組みの違いとは？

　本節では、アメリカとEUという欧米での農業環境政策の大枠を見ていく。まず両者の違いというものを少し整理しておこう。

　1990年代後半あたりまでのアメリカとEUとでは、農業環境政策は際立つ特徴と相違点をもち、対称性を示していたようにみられる。その後、アメリカの政策がEUと共通の方向性を持つものが増えてきたように思われる。

　アメリカの農業環境政策は、本来、農業の外延的拡大によりもたらされる外部不経済に対処することを主眼とするものが中心であったのに対し、EUではどちらかといえば農業の集約化によってもたらされる外部不経済に対処することに中心があったとみることができる。

　また、アメリカでは農業生産が与える環境への影響そのものをコントロールすることが政策対象となっていたのに対して、EUでは環境的に望ましいと考えられる農業投入水準や農業生産方式の採用を目指すことが政策対象とされていたということも大きな相違点であった。

　さらに、アメリカでは農業生産の維持・拡大と環境保全とは対立的な関係にあるという前提にたって外部不経済に対処するものに限定されていたが、EUでは、そうしたものとともに農

業生産が適切におこなわれている限り、農業生産は環境保全と両立しうる点があることをもとに外部経済に対する支払いも考慮されてきたという違いがみられる。

両者の違いについて簡単な整理をおこなったが、以下では、アメリカとEUについて、それぞれの農業環境政策の概略とその変化を示し、その特徴を具体的に明らかにしていくことにする。

◆ EUの取り組みのフレームワーク

EUの農業環境政策は、1985年に実質的にスタートした。1980年ごろを境に、農業と環境とのかかわりに関する社会の認識が大きく変化してきたことに関係している。それまで、環境にフレンドリーな産業として見られることが多かった農業に対して疑問符が打たれはじめ、環境に対する農業の負荷が問われるようになったのである。なかでも重要なポイントは、それまでの価格支持をベースとした共通農業政策によって生まれた農地の外延的拡大に無理が生じてきたことや、農業の過度な集約化がもたらした副産物として環境負荷の拡大があるということである。EU農政はこれらに対応することに迫られたと考えられる。

EUの農業環境政策は、当時の3つの背景から生まれてきたともいわれている。1つは環境汚染を生んできた農業の現状とこれに対する規制の必要性、2つ目は共通農業政策が生んできた農産物過剰と過剰対策の必要性、そして第3は条件不利地域の問題と対策の必要性であった。

こうした状況から農業環境政策が導入されたわけであるが、

その事情を端的に示すのが、1985年の理事会規則の制定である。1987年と1992年に順次規則が制定され、体系化されてきた。

はじめにEU共通農業政策の農業環境政策として中核をなしてきたものは、ESA制度（Environmental Sensitive Areas）といわれるもので、地域を限定する形で始まったものであった。制度のエッセンスは、特定の地域で、環境要件と直接所得補償をクロスさせる手法で、環境と景観の保全のために外部不経済と外部経済とを内部化させようというものであった。

望ましい姿を考え、こうした方向に持っていこうという農法については、サポートしていくという方向をとる点に特徴があったと考えられる。

さらに、1992年にEUでは農業環境政策の体系化がおこなわれ、特定の地域を指定する形でおこなわれていたESAだけでなく、より広く環境支払いをおこなうことが可能となった。また、この年から、直接支払いが価格支持に代わる形で導入されてきたが、その際に環境保全のための基準を満たすことが要件化されるようになった。いわゆるクロス・コンプライアンス的手法が本格的に導入されるようになったといってよいだろう。

◆ アメリカの取り組みのフレームワーク

他方、アメリカ農業における環境問題に対する関心は、1980年代半ば過ぎぐらいまでの初期段階では、きわめて土壌問題に集中してきたといわれている。生産力維持という農業生産の視点からの土壌問題が中心であったとみることができる。ところが1985年農業法以降は、次第に社会とのかかわりとしての環境

問題に関心が変化・拡大していったようである。水質汚染や水系での土砂の蓄積、さらに野生生物生息地の保全といった問題にまで拡大を始めていった。

　アメリカの農業環境政策は、大きく2つに分けて考えると理解がしやすいだろう。①環境にマイナスの影響を与えるような土地での農業を長期にわたって停止する休耕型政策、②環境にやさしい農業の導入を促進する営農型政策である。

　まず、①については、アメリカでは伝統的に土壌侵食が深刻な問題であったことが背景にある。作家スタインベックの著名な小説『怒りの葡萄』が生み出された世界である。アメリカの多くの農地は表土が露出しているために、土壌浸食が起きやすく、これをいかに防ぐかがきわめて重要な問題であった。このためにできたのが、Conservation Reserve Program（CRP）という制度で、危険性の高い農地を対象に、農産物の作付や家畜の放牧を長期にわたり停止し、草木の造成等で土壌侵食などを防ごうというもので、対象耕地の所有者はそのかわりに助成金を受け取るというものである。

　これに対して、②は環境にやさしい営農を対象として奨励するものである。具体的には、Environmental Quality Incentive Program（EQIP）やConservation Stewardship Program（CSP）と呼ばれる制度がこれにあたる。EQIPはこれまでに環境保全活動を実施していなかった生産者を対象に、新たな取り組みを促すものであり、他方CSPはこれまでに土壌・水質保全活動をおこなってきた生産者を対象に、さらに高度な保全活動に取り組む場合、これを対象に支援をおこなうものである。

予算をみると近年は②の営農型政策が増加し続けている。また、最近は次第にEU的な取り組みが導入される傾向もある。

大きな特徴として、補助金など財政支援をする際に一律に配布するのではなく、オークションという手法を交えて、財政支出を抑える工夫をおこなっている点があげられる。保全活動によって得られる便益を点数化し、助成してもらいたい希望額を生産者が申告して、これらをもとに応募した案件の順位づけをおこなう。これをもとに順位の高いものから予算額の範囲で採択をおこなうといういかにもアメリカらしい方法をとってきた。

4　クロス・コンプライアンスという手法を考える

◆ クロス・コンプライアンスとは？

以下では、とくに農業分野での環境政策で特徴的な政策手段と位置づけられるクロス・コンプライアンスと、逆にあまり適用されないPPP原則とについて考えていこう。

一般的に言えば、「クロス・コンプライアンス（cross compliance）」とは、ある施策による支払いについて、別の施策によって設けられた要件の達成を求める手法のことであるが、具体的に農業政策では、「農業生産者が直接支払いを受給するために一定の要件を満たさなければならないという仕組み」という意味で使われている。

先にも述べたように、1995年以降、EUでもアメリカでも、主に地域の環境保全を目的として環境規則の遵守に対する直接支

払い（環境支払い）がおこなわれるようになり、日本では農水省の「環境保全型農業直接支援対策」が代表的なものであろう。

もともと、コンプライアンス（complliance）の語源は、動詞のコンプライ（comply）にあり、これは「応じる、従う、守る」を意味し、したがって、コンプライアンスも「応じること、従うこと、守ること」を意味する言葉である。ということは、クロス・コンプライアンスの場合、関係する他の分野にもまたがって従うということを意味しているとみることができる。

◆ 政策手段と目標との関係

経済政策の世界においては、政策目標と政策手段に関して、定理といわれているいくつかの原則的なものがある。その1つが、N個の独立した政策目標を同時に達成するためにはN個の独立な政策手段が必要である、というティンバーゲンの定理である。ある1つの政策目標に対しては1つの政策手段を用い、別の目標に対しては別の手段を用いることが望ましいといわれてきた。つまり所与の数の独立な目標を達成するには、少なくとも同数の手段がなければならないということを意味している。

また、ある政策目標があった場合には、必ず副作用ともいえる予期しない効果を伴うのだが、こうした副作用への懸念は切り離して、その目標を達成するためにもっとも安上がりな手段をもちいるべきであるというものをマンデルの定理と呼んでいる。個別の政策では副作用を考慮せずに最もコストのかからない手段を用いれば、全体として政策目標を達成するための総費用を最小化できるという脈絡でしばしば用いられる。

こうした考え方から見れば、クロス・コンプライアンスという手法は、どう評価できるのであろうか。次の視点を考慮に入れて考えてみよう。

◆ ターゲット効率性

所得再分配政策の評価基準に、ターゲット効率性というものがある。これは、その手段によって再分配という所期の目標をどの程度達成しているのかを評価する基準となる指標であり、以下の2つのものからなっている。1つは、垂直的効率性、もう1つは水平的効率性と呼ばれるものである。前者は、ある政策が必要なグループだけをサポートしたか否かを示す指標であり、対象とすべき者たちだけに配分できたのか、配分すべきでない人たちに配分したのはどの程度なのかということをみることができる。後者は、ある政策が目標とするグループのすべてをサポートしたか否かを示す指標で、対象とすべきものに漏れなく配分できたのか、漏れた人たちはどの程度なのかをみることができる。

本来所得再分配のための評価基準なので、そのまま農業の環境政策評価に適応が可能なのかという問題は残るが、この考え方を用いてクロス・コンプライアンスをもちいた直接支払いという政策を評価することは意味があると思われる。

◆ 農地・水・環境保全向上対策を例に考える

先にも紹介した2007年導入の「農地・水・環境保全向上対策」は、わが国でのクロス・コンプライアンス手法を適用した代表

的な政策の1つである。これを事例として取り上げ、政策手段を評価してみることにしたい。

　この事業は、環境への負荷の小さな農業をおこなっている生産者に対する財政支援という「営農活動支援」のための前提要件として、地域の共有資源の維持保全活動を支える「共同活動支援」を置く。つまり「共同活動支援」をすることを条件に、「営農活動支援」という環境支払がなされるというクロス・コンプライアンスの構造をしていた。

　しかしこの政策は、環境負荷の小さな農業を支援する環境保全という目的と、地域共有資源の維持保全という目的と、性格の異なった2つの目的を抱き合わせにし、組み合わせようとしたものと考えられ、のちに問題視されることになる。

　ターゲット効率性の目で見ても、同様であった。この手法の条件である共同活動という前提条件を満たしていないが、環境保全という視点からは支援の対象とすべき先進的な取り組みをおこなっている生産者が、この政策では対象からは除かれてしまう。水平的効率性の観点からは、望ましくない政策手段だと判断できる。本来サポートされてしかるべき対象が、前提とした要件のために抜け落ちてしまう可能性が大きかったのである。

　さらに、この政策の場合は要件となる前提部分の意思決定は地域がおこない、後者の環境保全の意思決定は個々の生産主体がおこなうという主体そのものの違いもあり、問題はより大きなものであった。

　こうした問題点を抱えたこの政策は、2011年に別個の政策に分かれることになる。要件とされた前提部分は農地・水保全管

理支払交付金に、そして本体の方は環境保全型農業直接支援対策の直接支払交付金に分けられ、別々の政策として進められることになった。

目的や意志決定の主体が違う2つの条件を、クロス・コンプライアンスという方法で抱き合わせて考えることで回り道をしたものと考えられる。

一般論として言えば、政策間で要件をリンクさせるという手段を使うことには、慎重であるべきではないかと考えられる。要件とするものが適切かどうか、また要件と支援の内容の関係が適切かどうか、2重の判断が必要となり、その基準の評価は難しい。農業分野の場合、生産者としては当然な最低限の義務というようなものが要件ならば問題はないだろうが、それでは前提条件である意味がない。要件である以上一定の絞り込みが必要だが、単なる条件では通常の支援条件と変わらず、クロス・コンプライアンスと呼べない。しばしば用いられているものは、直接規制の内容を要件化している場合であるが、それ以外については、条件が交差するクロス・コンプライアンスは判断も交差せざるを得ず、慎重に使われるべきであろう。

5 なぜ、農業分野では PPP 原則が適用されにくいのか

◆ PPP原則とは？

つづいて、PPP原則に関わる問題について考えてみよう。

第1節で触れたように、PPPは、OECDが1972年に採択した

「環境政策の国際経済的側面に関する指導原則」で勧告されたものがベースとなっており、環境汚染を引き起こす汚染物質の排出源である汚染者に対して、発生した損害の費用をすべて支払わせることを原則とすることを意味している。

環境資源を利用しながら、それに対する支払いがなされないことが環境悪化を促進させる要因と考えられるため、経済学的にいえば、外部費用を内部化する、つまり環境という資源を使うコストを製品やサービスなどの価格に反映させることによって、環境汚染者が汚染による環境の損害を削減しようとするインセンティブを持たせることが必要であるというのが、基本的な考え方である。

PPPにおいて費用を支払うのは「汚染者」であるが、費用の負担は生産者のみではなく、一部は価格に組み込まれることで消費者にも回されることになるというのがポイントである。費用が内部化されることによって、大きな環境汚染を伴って生産された製品は高い価格となり、その製品を購入するハードルが消費者にとって高くなることで、消費者の選択を通して社会全体としては環境にやさしい製品を求めるように方向づけようとするものである。

こうした汚染者負担の原則（PPP）に基づき、一般の環境政策では、生産者に課徴金として課税することで外部費用を内部化して、適正な方向に誘導することが通常おこなわれている。

◆ 農業分野での対応とその要因

しかしながら、農業分野における環境政策の場合には、この

PPPを適用せず、汚染除去の費用を逆に汚染者に補償するような構造を持っている場合が多い。先述のように、これは農業の持つ特性とコースの定理にもとづく経済学的な判断による。このことを少し考えていくことにしよう。

　まず第1に、第Ⅰ部で述べたように農業の環境汚染が「非点源汚染」の特質を持つため、汚染源の特定と評価が困難であり、そのため発生した損害の費用を農業者に公平に配分して負担させることが難しいという点である。

　続いて第2の点は、農業をめぐる市場構造の特質に起因するものである。汚染者負担の原則に基づき、税が賦課される場合、汚染者が負担したコストの帰着に特徴ある傾向がみられる。最終的に誰が負担するのか、あるいはどのような割合でお互いに負担を分け合っているのかという費用の負担者問題である。一般に生産に新たなコストが発生した場合、その負担は価格を通して前方、つまり消費者などに転嫁可能なのか、あるいは生産要素市場を通して後方に転嫁可能なのかは、生産物市場と生産要素市場に関する市場の構造に依存して決まるといわれている。

　他の産業の場合と比較して、農業に関わる市場では、多くの場合、生産者は完全競争市場に直面する価格を受け身で信号として受け取るプライステイカーとして行動しているとみることができ、コストを転嫁できる余地は極めて小さいと考えられる。つまり、コストの大部分は生産者によって負担されることになる。分配上の観点から、コストを転嫁できる余地が極めて小さい場合には、本来の税ではなく補助金による政策誘導がとられる傾向が強くなる。

さらに第3の要因として、環境を利用することに関する財産権の分布構造がある。

　過度に環境資源を利用することを抑え、その環境資源の利用を低く抑えることに対して補償措置を講ずることは、環境資源の利用に関する財産権、とりわけ土地資源といったものが農業者に帰属している場合には、社会に受け入れられやすい。簡単に言えば土地の所有者である農業者にその利用権があることについては、一般的な理解が得やすい、ということである。多くの国で課税ではなく、補助金中心の政策手段がとられるのは、所有者がそれを使用するに際し、一定の制約ないし規制を課すことに対する代償として理解されている面が強いといえる。

　以上のようないくつかの要因から、農業分野ではPPPを適用して課徴金によって外部不経済効果を内部化するような政策プログラムはきわめて少ないものであった。しかし、近年になってPPPが適用された政策プログラムの例として、先に第5章で紹介したオランダ政府がとった地下水汚染問題へのピグー課税のようなものが登場している。今後は、農業分野においてもPPPを適用することが求められることもあろう。その場合には、農業者にとってはこれまで理解されてきた方向とは180度違う方向となるだけに、簡単に受け入れられるものではないだろう。いかに政策手段を工夫し、設計していくのかが問われることになる。

6 ｜ 政策相互間調整の重要性

　本章では、農業政策の中で農業環境政策としての地位を占めるようになってきた政策の内容と特徴について考えてきた。

　戦後日本の農業政策は食料の不足を背景に、生産刺激的な性格を持つものが多く、過度の集約化や過度な耕地拡大などを通じて、環境に対してマイナスの影響を与える性格のものが多かったといえよう。しかしそれはそれなりの役割を果たしてきたものであるから頭から否定されるべきものでもない。現在は環境保全という側面を考慮しながら、政策目的を達成する道を探すということが必要である。

　本来、環境保全そのものが最終の目的ではなく、国内自給力の向上や地域振興など、他の目標とのバランスの中で考える必要がある。

　目的の違う政策相互間の関係を調整しながら、それぞれの政策が邪魔をしあわないように政策設計はなされる必要がある。ブレーキを踏みながらアクセルを踏みつづける、といった政策設計がないように注意すべきと強調して本章のむすびとしたい。

◎用語解説──────────────────

インセンティブ：経済学の世界では、人や組織に特定の行動を促す動機づけ、誘因のことをインセンティブ（Incentive）と呼び、人々の意思決定や行動を変化させるような要因のことを指している。何がその選択へと導いたのか、すなわち選択の背景にあるインセンティブを明らかにすることが、経済学の世界では、中心的

な課題の1つとなっている。

OECD：OECD（経済協力開発機構；Organization for Economic Co-operation and Development）は、ヨーロッパ、北米等の34カ国の先進国によって構成される国際経済全般（国際マクロ経済動向、貿易、開発援助、持続可能な開発、ガバナンス等）について分析、検討、協議することを目的とした国際機関である。わが国は1964年に加盟国となっている。

農業白書：農業基本法（1961〜1999）に基づき政府が国会に提出が義務付けられた「農業の動向に関する年次報告」という文書を指している。農業の生産性動向など他産業との比較や農業従事者の生活水準等に焦点をあてた「農業の動向」と「政府が農業に関して講じた施策」の2部構成となっていた。農業基本法が食料・農業・農村基本法に代わり、白書も食料・農業・農村白書となっている。

怒りの葡萄：怒りの葡萄（：The Grapes of Wrath）は、アメリカの作家ジョン・スタインベックによる小説とこれを原作としたジョン・フォード監督による映画とを指している。世界恐慌と重なる1930年代に、大規模資本主義農業の進展とともに、中西部でのダストボウル（Dust Bowl）と呼ばれる耕地荒廃による砂嵐によって、所有地が耕作不能となり流民化する農民が続出した。こうした社会状況を背景にした物語である。

ティンバーゲン：ヤン・ティンバーゲン（Jan Tinbergen、1903〜1994）は、オランダ出身の経済学者であり、1969年には経済過程の分析に対する動学的モデルの発展と応用の業績に対して世界最初のノーベル経済学賞を受賞している。景気循環のマクロ計量経済的モデルの構築や、経済動学理論の幕開け的研究、さらに経済計画の作成に計量経済学的手法を適用したりしているが、農産物価格の不安定性を説明する際に利用される蜘蛛の巣理論の発表や経済政策におけるティンバーゲンの定理などでも有名である。

マンデル：ロバート・アレクサンダー・マンデル（Robert Alexander Mundell、1932年〜 ）は、カナダ出身の経済学者であり、1999年には、さまざまな通貨体制下における金融・財政政策と、「最適通貨圏」についての分析という業績に対して、ノーベル経済学賞を受賞している。とくに、「最適通貨圏理論」の構築は通貨同盟に連なり、また固定相場制・変動相場制における金融政策や財政政策についてはその国民所得に与える影響に関するマンデルフレミングモデルなどで有名である。

ギモンをガクモンに

No.8

食料を購入するとき、作られ方に目を向けますか?

　私たちは、野菜などの農作物を購入するとき、どういうことに重点を置いているのでしょうか? 選択する際の基準としては、価格の安さ、あるいは鮮度のよさ、安全・安心、産地の確かさ、など数多くののものが考えられますが、そうした中で、一体何を重視して購入しているのでしょうか?

　また、こうした食料を購入する私たち消費者は、その食料・農産物が生産されているプロセス、つまりどういう作り方をしているのか、についてはどのように考えているのでしょうか?

　現在の日本では、多くの食材が店頭に並び、また同じ食材でもさまざまな品種や製品が存在しています。そんな商品をどう消費者が選択するかは、生産の方向性を決める重要なファクターとなっています。今や、生産者だけではなく、消費者もその責任を強く意識すべき時代といっていいでしょう。

　その責任を果たすためには、「情報」が重要な鍵を握っています。私たちは、どういう情報をもとに商品購入の選択をしていけばよいのでしょうか。

第8章

食料消費のあり方と
認証・ラベリングの関わりを考える

キーワード

社会的責任購買／食料購入基準／商品特性／認証制度／
ラベリング

1 ｜ 食と農の距離感の拡大

　前章までは、主として農業生産と環境とのかかわりについて
経済学的知識を活用し、生産プロセス、副産物である廃棄物、
政策的対応というようにアプローチを変えながら多角的に見て
きた。

　最終章となる本章では、食料を購入し消費する私たち消費者
の意思決定と環境とのかかわり、少し言葉を変えるならば、消
費者にも求められる社会的責任について考え、環境とのかかわ

りの中で生産者と消費者をつなぐものの重要性にも目を向けていくことにしたい。

　食と農の間の距離が、年々拡大してきているといわれる。消費者からは、農産物・食料品がどのようなところで、どのようにして作られているのかが、まったくわからない、見えないという状況がある一方、生産者である農業者も、多くの消費者が最終的にどのような形で消費しているのか、どんな食べ方をしているのかがわからない、という声を聴くことも多い。

　こうした食と農の距離拡大は、食品の不足や食品事故、さらには疫病の発生などの問題が起こったとき、人々に不安や不満を感じさせ、またそれらを増幅させることにもなる。

　この距離拡大は、どうして起こったのだろうか。一般に2つの異なった要因があるといわれている。1つは、空間的な距離拡大であり、もう1つは、加工度の高まりに伴う産業連関論的な距離拡大である。

　まず、第1の空間的な距離拡大とは、身近な場所で農業がみられなくなり、遠く離れた産地で作られたものを消費する傾向が強くなったことによるものである。特に、海外で作られた農作物では、どんな人が、どんなところで、どんな形で生産をおこなっているかは想像さえしがたくなっている。こうした物理的・空間的な距離拡大によって、心理的な距離も拡大しているのである。

　もう1つの産業連関論的な距離とは、直接食材として農産物を購入して家庭で調理することが減少し、加工された農産物を加熱調理したり、あるいは中食や外食という形で消費する傾向

が強くなってくることによるものである。加工され、調理された食品からは、もともとどのような農産物であり、流通や加工産業でどのように流れ・処理されているのかはみえてこない。消費者はそれを思い浮かべることもしないだろう。この意味での距離感の拡大を意味したものである。

こうした食と農の距離、距離感の拡大は、多方面に大きな影響と問題を生じさせる。

代表的なものとして、生産者と消費者では、それぞれもつ情報の量と質の間に大きな格差・ギャップが発生するということがある。情報に大きなギャップが存在するということは、第4章でも述べたように情報の非対称性とも呼ばれ、逆選択現象が生まれる可能性をもっている。

第4章のように、環境への負荷などを考慮するがゆえにコストが高く、価格が高くないと採算が取れない生産者と、環境収奪的な作り方ゆえにコストが低く、価格が低くても採算が取れる生産者がいた時、農産物の品質そのものに差が無ければ、環境にやさしい生産者が駆逐されてしまう可能性をもっていると考えられるのである。

こうした問題の発生を懸念して、生産サイドの情報を消費者に、消費者の声を生産者に提供して両者の間を繋ぐ運動やシステムの構築がみられるようになった。国内では産直や直売、海外との関係ではフェアートレードといった販売方法、システムとしては、各種の認証制度やそのラベリングである。またトレーサビリティや地産地消などもこうしたことへの対応の1つと位置づけることもできる。

2 消費者は何を基準に食べ物を買っているか？

　私たち消費者は、食料をスーパーなどの店頭で購入するとき、どんなことを基準にして買い物をして、それを消費しようとしているのであろうか？

　筆者はかつて、フェアートレードを逆選択現象への対応と位置づけ、普及の可能性を探ろうとしたことがある。消費者が食品を購入する際にどんな点を重視しているのか、という購買行動をアンケート調査したが、その時得たデータをベースに、消費者の食品購買行動の特徴を明らかにしてみよう。

　このアンケートは、日本とフランスの消費者を対象に、配布形式でおこなった。回答者数は、日本859名（うち生協会員121名、その他738名）、フランス121名の合計978名であった。

　アンケートでは、食料品を品目ごとに、それぞれどういう点を最も基準にして購入しているのかを聞いてみた。具体的には、購入時重視する点を選択肢の中から上位3点に、順位をつけて記入してもらった。これをもとに、この順位1、2、3に対して、3ポイント、2ポイント、1ポイントを付けるというポイント制で処理し、購入に際して重視する要素を評価してみた。

　図27〜図32は、それぞれ野菜・果実・魚介類・肉類・牛乳乳製品・コーヒー紅茶のそれぞれについて、購入時に重視する点をレザーチャートで示したものである。このレザーチャートでのスコアは、それぞれの選択肢の加重平均値を示している。ここで、例えば、もしすべての回答者が、「価格の安さ」を1位と

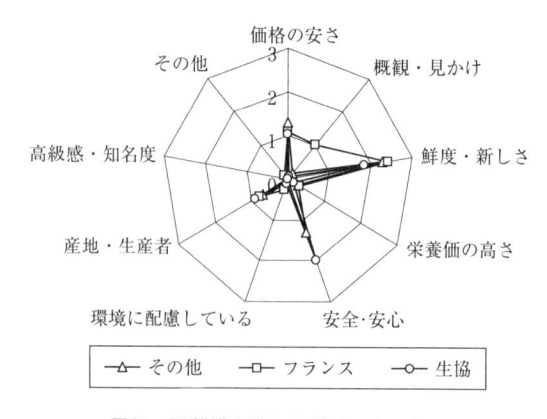

図27　野菜購入時に重視する点は何か

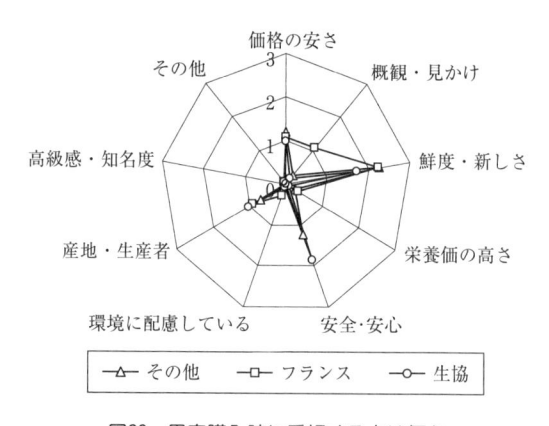

図28　果実購入時に重視する点は何か

した場合は、「価格の安さ」の項目が3ポイントとなる。それぞれ、図の外側にあるほど、その項目を重視する傾向が強いことを意味している。ここでは、日本（その他）、日本（生協）、フランスに分けてチャート化している。

　図を見てみよう。野菜購入の場合、全般に「鮮度・新しさ」

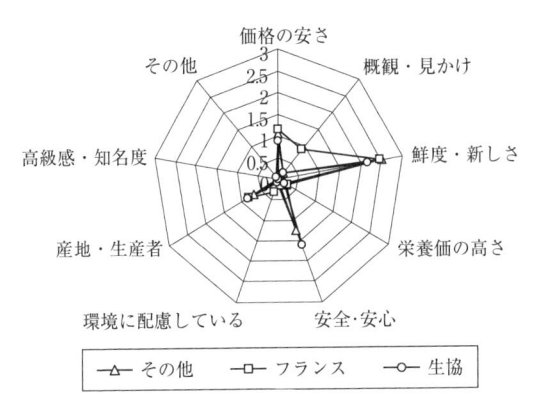

図29　魚介類購入時に重視する点は何か

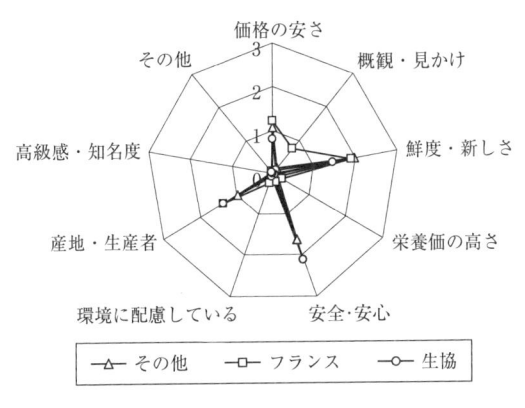

図30　肉類購入時に重視する点は何か

の項目が高くなっている。また、「価格の安さ」と「産地・生産者」という点については共通した傾向を示している。特徴的なのは、日本においては「安全・安心」が、フランスにおいては「外観・見かけ」が高くなっている点であろう。この傾向は、少しの違いはみられるものの、果実・魚介類・肉類・牛乳乳製品

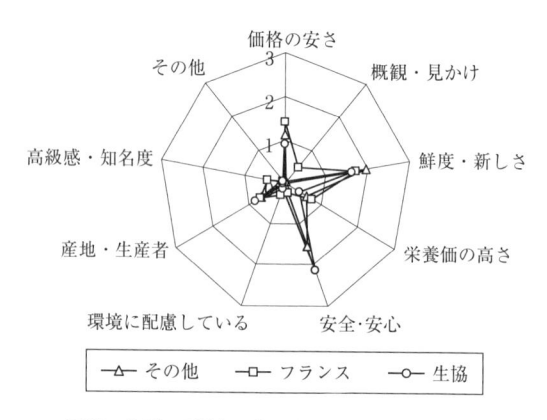

図31 牛乳・乳製品購入時に重視する点は何か

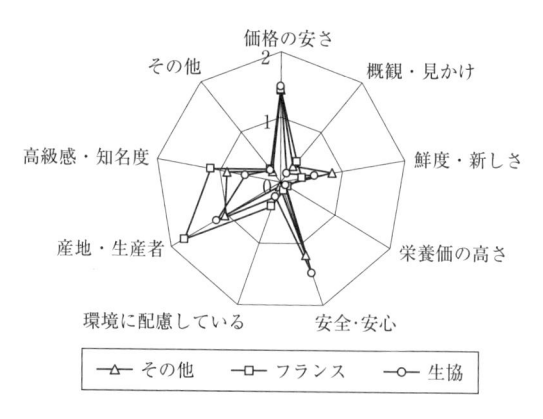

図32 コーヒー・紅茶購入時に重視する点は何か

に共通してみられるように思われる。

　もう少し詳しく見てみよう。そのために、図の中の△で示される日本（その他）にのみ注目してみることにする。

　図27で示される野菜の場合、「鮮度・新しさ」が2ポイントを超え第1位となっており、第2位の「安全・安心」と第3位の

「価格の安さ」とが、1ポイントと2ポイントの間、そしてこれに続くのが第4位の「産地・生産者」となっている。

図28の果実でも、野菜の場合とグラフの形状もポイントもほぼ同様の傾向を示している。

図29の魚介類の場合も、「鮮度・新しさ」、「安全・安心」、「価格の安さ」、「産地・生産者」と続き、形状にも大きな違いは見られない。

肉類を示す図30でも、形状そのものには大きな違いは見られないが、少し「鮮度・新しさ」のポイントが下がり、他方、「安全・安心」と「産地・生産者」のポイントが大きく上がっているように見受けられる。価格に対するポイントには大きな違いは見られない。

図31の牛乳・乳製品については、「鮮度・新しさ」への関心の高さなど、先の肉類と同様の傾向を示しているが、「産地・生産者」のポイントが肉類と比べて低くなっているのが特徴的である。「栄養価の高さ」も、他の食品と比較して選択基準として重要視されているようである。

これらに対して、図32に示すように、コーヒーや紅茶は異なった形状をしているのが、極めて特徴的である。少し注目しておこう。

図のスケールが他のものと異なっているため、比較そのものがしにくいかもしれないが、1）価格の安さ、2）安全・安心、3）産地・生産者、4）高級感・知名度、5）鮮度・新しさ、とおよそ順位づけられるている。ただ、どれもポイント1前後で、大きな違いとは言いにくい。特徴的なのは、他の食品の場合、

ほとんど購入時の基準としてあがってこなかった「高級感・知名度」という、いわゆるブランドのようなものがあがってきている点である。また、「産地・生産者」も大きくウェイトを上げている。

　では、なぜ、このようにコーヒー・紅茶では、他の食材と大きく異なっているのであろうか。それは、コーヒーや紅茶が、「嗜好品」であり、食材としては加工品であるという点である。消費者の求める属性は、他の5つの日常的な食材とは異なっている。これらは、嗜好品として商品特性が大きく異なるものと位置づけられる。商品特性の違いが、このチャートの形状の違いに反映されている。あとで触れる商品特性の変化を考えるときのヒントとして覚えておこう。

3 ｜ 消費者に求められる社会的責任と食料購入基準

◆ ＳＲＢ（社会的責任購買）とは？

　消費者の社会的責任購買（SRB；Social　Responsible Buying）と呼ばれる概念がある。企業には社会的責任（CSR；Corporate Social Responsibility）があるように、あるいは社会的責任投資（SRI）があるように、消費者の購買行動にも社会的責任があるという考え方である。消費者も環境や労働条件、人権などを考慮した商品を購入すべきだ、またそういう社会的責任が消費者にもあるとする「責任ある消費」あるいは「消費者の社会的責任」というものである。

環境との関わりに限定して考えれば、作物をどのように作っているのか、環境に負荷をかけない形で作られているのか、あるいは環境収奪的に、環境への影響に無頓着な作り方で生産されたのかは、作られた食料品を見ただけでは、あるいは消費してもわからないということは十分にありうる。環境への負荷を考慮するとコストが高くなり、他方環境への影響に無頓着な作り方をするとコストが低くなる可能性は高い。商品以外の情報を得ない場合、低価格で販売しているものを消費者が選択してしまうという、逆選択が起こる可能性が大きい。

　こういった事態や選択を避けるために、生産プロセスの健全性に関心と配慮をもって行動するのかどうかというのが、ここでいうSRBの基本となる。

◆ ＳＲＢという考え方に共感するのはどんな人？

　こうした考えに対しては賛成・反対だけでなく、たとえば環境保全には賛成だが、商品としては安い方を選択するということもある。逆にかなり高くなっても環境にやさしい商品を選択する人もいるだろう。同じ賛成でもその度合いや共感の程度は、どういった要因とどういう関係を示すものなのか、クロス集計結果から、少しピックアップしておくことにする。

　図33は、低価格志向の強さとＳＲＢの考えとの共感の程度との関係を見たものである。横軸は同意する、しないという共感の程度を示し、縦軸は上に行くほど低価格志向が強いことを示している。この図は、「価格の安さ」を重視する人々ほど、ＳＲＢという考えに対しては、消極的で、価格をあまり重視しない

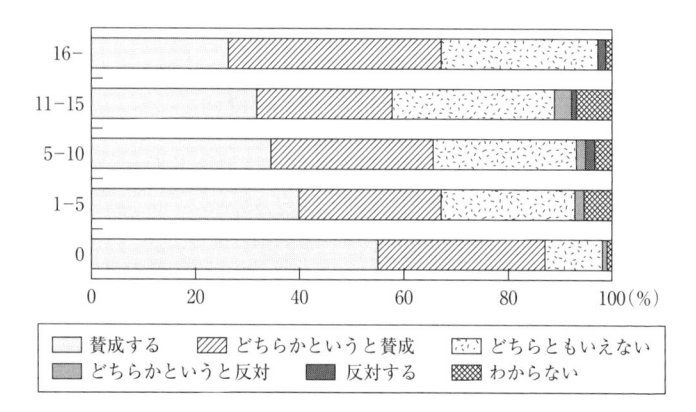

図33　「価格の安さ」（低価格志向）とSRBの考えへの共感度の関係

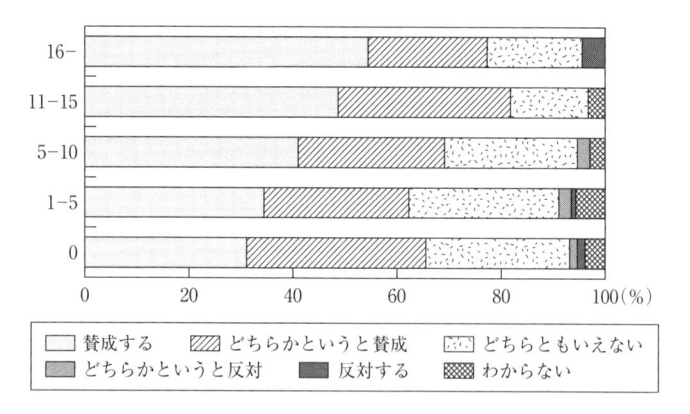

図34　産地・生産者重視とSRBの考えへの共感度の関係

人ほど、この考え方に共感する傾向がみられることを示している。

　対して、図34においては、縦軸は上に行くほど産地や生産者といった情報を購入時に重視する程度が高いことを示すもので

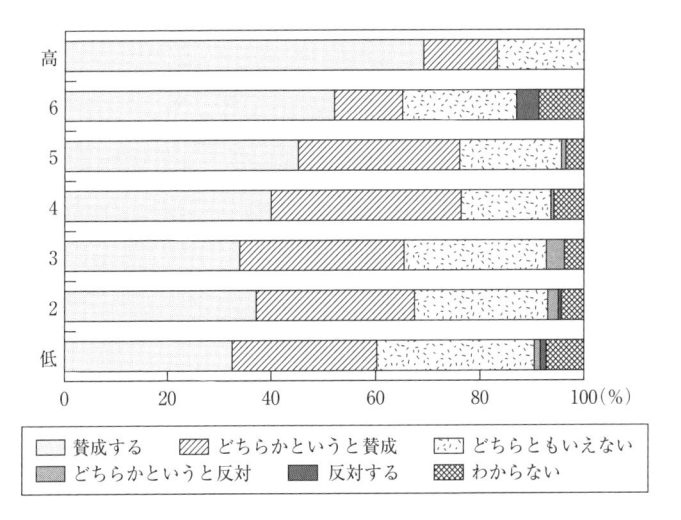

図35　所得階層とSRBの考えへの共感度の関係

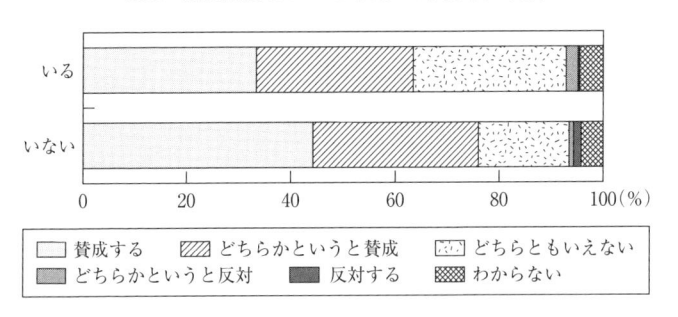

図36　16歳未満の子供がいる・いないとSRBの考えへの共感度の関係

ある。ここでは、産地や生産者を購入する際に重視する人ほど、この考え方に共感する傾向が読み取れる。

　また、図35は、個人属性として得た所得階層との関係を見たものであるが、所得の高い人ほど共感する傾向が見られ、低い人ほどこの考え方に消極的、つまり優先度が低くならざるを得

ない様子が見て取れるだろう。

　さらに、図36は、16歳未満の子どものいる人（YES）といない人（NO）による違いを見たものである。対象となる子どもがいる人ほど消極的で、いない人ほど共感する傾向が見て取れる。このことは、対象となる子どものいる家庭では、食費の支出割合が大きく、例えば安全・安心などよりも低価格志向に向かざるを得ず、ＳＲＢへの対応と関係しているのではないかと推測された。

　他方、計量分析として順序プロビット分析を用いて、ＳＲＢの考え方と統計的に関係する要因を探ってみた。統計的に有意となったパラメータの推定結果を示したものが、表12である。

　ここで、説明変数として残ったものは、以下の8つの変数であった。他にもいくつか要因は考えられるが、統計的に有意とはなっていない。

　　FRANCE：日本とフランスを分けるダミー変数

　　SAFENES：購入時の安全・安心を重視する評価点

　　LOCAL：購入時に国産品と輸入品との区別を意識する程
　　　　度（5段階）

　　ORIGIN：輸入品の購入時にどこの国の生産かを意識する
　　　　程度（5段階）

　　CONSUMER：消費者が購入基準を変えることによって、
　　　　生産方法にどの程度影響を与えると考えるか（5段階）

　　FAIRTRDE：フェアートレードという言葉の認知度（5段
　　　　階）

　　FT－MARK：フェアートレード・マークの認知度（5段階）

表12 推定結果

変数名	係　数	t　値	
FRANCE	0.472	2.051	**
SAFENESS	0.016	1.779	*
LOCAL	− 0.161	− 2.398	**
ORIGIN	0.087	1.932	*
CONSUMER	0.385	6.422	***
FAIRTRADE	0.340	3.540	***
FT-MARK	0.312	2.167	**
AGE	0.161	4.405	***
Scaled R-square		0.230517	
Schwarz B.I.C.		− 612.594	

***: $p < 0.01$; **: $p < 0.05$; *: $p < 0.1$

　AGE：年齢（7段階）

　フェアートレード関係のものを別にして、おおよそ以下のような傾向が読み取れる。

　LOCALのみマイナスの値を示し、他の変数はプラスの値を示しているのが、まず目につく点であろう。安全・安心を重視する消費者は、ＳＲＢの考えに共感する傾向がみられるのに対して、国産品に強いこだわりをもつ消費者は、ＳＲＢの考え方に共感する傾向はみられず、むしろ消極的であった。この傾向は、以下のように説明できるのではないかと考えられた。

　国産品への強いこだわりを持つ消費者は、逆に輸入品に対してあまり興味を持っていない。そして、輸入品に興味を持たない消費者は、ＳＲＢという考え方に共感する傾向を持たないのではないかと考えられるのである。

　ということは、推測にはなるが、安全・安心という視点と国産品という視点とは、分けて考える必要があり、とりたてて国産品を志向するわけではない人に対してこそ、他のファクターである安全・安心に訴えることがマーケティング的には必要であるのかもしれないと推測された。

　また、輸入品を購入する際、生産国を意識する消費者は、ＳＲＢという考えに共感する傾向にあり、消費者が購入基準を変更することが、生産方法に影響を与えると考える人ほど、ＳＲＢという考えに共感する傾向がみられる。

　最後に、年齢水準が上がるほど、ＳＲＢに共感する傾向がみられ、若い人ほど消極的であるという結果がみられた。

　以上は消費者の食品の購入基準とSRBという考え方に共感する程度とがどういう関係にあるかを、アンケートデータから見たものであるが、環境への関心の高まりなどから今後どのように変化していくのかには注意していく必要があるだろう。

4 ｜ 農産物の商品特性とその質的変化

◆ 探索財・経験財・信用財

　次に、商品特性の側面に目を転じてみることにしよう。

　消費者が商品を選択する際、どういう商品特性に関心をしめすのであろうか。情報の経済学、さらにはこれを部分的に応用しようとするマーケティングの分野では、財・サービスを消費者の情報探索行動をもとに、「探索財」、「経験財」、「信用財」と

いう3つに分類しているが、その視点からアプローチしてみよう。

　まず「探索財」とは、消費者が情報を収集することで、購入前の段階である程度品質を把握できる財のことを言う。これに対して「経験財」は、購入して消費することではじめて品質を知ることができる財である。さらに、「信用財」とは、購入後も消費者は本当の意味で財の品質を知ることができないものである。

　見方を少し変えてみると、消費者は財・サービスの属性や品質を評価する際、まず探索属性と経験属性を評価するという。探索属性の割合が大きいのが探索財であり、消費者は財の属性や品質を購買前に判断できると考える。他方、経験属性の割合が大きいのが経験財であり、消費者が財の属性や品質を購買や消費経験を経た後に判断できるものである。もし経験しても品質判断ができない場合、消費者は財・サービスの提供者を信用するしかない。この信用属性の割合が大きいのが信用財である。3つの財は明確に区分けできるというものではなく、あくまで探索、経験、信用という各属性の割合がどの程度高いかによって特徴づけられる。

　ネルソン（Nelson P. 1970, 'Information and Consumer Behavior', *Journal of Political Economy,* Vol.78, p311-328）によれば、購入することが品質を調べることより安価にすむ、あるいはほとんど変わらない財・サービスを経験財と定義し、信用財は、専門知識がないと価値を理解できないような財・サービスであるとも表現している。

　では、このような分類をおこなうことで、どんなことができると考えられるのであろうか。財が3分類のどれに属する性質が強いのか、といういわば位置づけがわかれば、消費者の情報取得に対しての予想がかなり可能となり、これに基づいて、情報の受け止め方についても予想できるのではないかと考えられるのである。

　例えば、探索財の場合、消費者は購入前にすでに品質はわかっているので、価格という情報は品質を評価・推測する単なる手掛かりとしてではなく、その財をその場で購入するかどうかを決定するための判断材料という位置づけとなる。

　他方、経験財は、購入しないと商品の品質がわからないものなので、購入するリスクはより大きいと思われる。経験財の場合、購入すればある意味品質はわかってしまう。したがって、価格は最初の購入に際して品質を推測するための手掛かりとしての役割を果たしていると考えられる。この役割は、購入後も消費者に本当の品質がわからない信用財の場合よりは、かなり大きいものと思われる。情報としての信頼性という視点からは、経験財は信用財と比べて、価格という情報の信頼性はより大きなものといってよく、他の情報への依存はより少ないものになるであろう。

　信用財の場合、消費者にとって購入のリスクはより大きなものと考えられる。そのため、価格という情報だけに依存するのではなく、信頼性を評価できる他の情報によって総合的に評価しようと努めると考えられる。この点からも購入時の価格という情報の役割は、経験財の場合よりもさらに小さなものとなる

と推測される。

　購入する際のリスクの大小と連動して、価格というものの役割は、探索財→経験財→信用財の順に低下し、それを補うために他の情報の必要性がより増加していくと考えられるのである。

◆ 食料品の信用財化と情報の重要性

　このような視点から見たとき、農産物や食料品は、どんな特性をもった財として捉えるべきであろうか。

　食品の場合、腐敗や変色をしていれば、購入前に危害要因を識別できるという意味で探索財の性質を持ってもいるが、その食品がどれだけ日持ちするかなどは時間が経てば消費者が把握でき、なにより少なくとも食べるという経験によって中身を評価できるという意味では、経験財という性格を強く持つものであると考えていいだろう。これまでは少なくともそうとらえられてきた。

　しかしながら、近年、探索財や経験財としての割合が低下し、信用財としての割合が増加しているのではないかといわれている。つまり、食べても正しい評価ができないケースが増えているのである。これは、消費者の食に対するニーズの多様化・高度化や食と農の距離感の拡大などが背景にあろう。中でも特に、生鮮食品の購入割合の低下、加工食品や中食・外食の比率の増加といった点や、消費者の関心が食料品の内容そのものよりも生産の過程に関するものに移行している点などが、大きな要素として指摘されている。

　これらは、消費者の知りたいと思う属性、したがってそのた

めの情報の幅が、大きく拡大してきたことの反映であると見ることもできる。食料品の品質評価の対象となる属性に、新たに安全・安心に関わる属性や、栄養素や機能性に関わる属性、さらには生産工程の健全性に関わる属性などが、次々と加わってきたため、こうした属性を伝える情報の重要性が増してきたのである。

　最後にあげた生産工程の健全性とは、衛生面での安全性に加え、農業が環境に与えている負荷を除去したり、軽減することへの配慮などが含まれる。生産者だけでなく、商品を仕入れる（消費する）加工業者にも、環境に配慮して購入する責任があるという考え方は前節のSRBと同様の考え方ということもできよう。

　多様な背景と要因はあろうが、農産物・食料品は、信用財としての性格を強めてきているのである。信用財化したものは、先に整理したように、購入に際して消費者にとってリスクが大きく感じられ、品質を知りその信頼性を評価するためには、多様な情報を必要とする。そして、それらを用いて、総合的に評価することが消費者には求められることになる。一方で農産物やそこから作られる食品について、そうした情報を的確に提供し、その情報の信頼性をいかに担保していけるのかが、生産・流通サイドには求められ、その必要性は今後より増してくると考えられる。生産サイド、加えて流通サイドには的確な情報を消費者に提供するとともに、その情報が信頼できるものであり、それを消費者に理解してもらう工夫が、今まで以上に大切になってくると思われる。

5 | 認証制度とラベリング

　消費者が商品を選択する際に、目印にできるような、的確で信頼できる情報が求められるようになっているが、その要請に応えるもののひとつに認証制度やラベリングがある。

　第3章の環境政策手段の分類によれば、自主的な取り組みを促す手段の中の1つ、つまり環境汚染の大きな排出者とそうでない者、あるいは環境負荷の高い商品とそうではない商品とを消費者に見分けられるようにする情報公開とそのための情報基盤の整備に対応するものである。

　認証制度にはさまざまなものがあるが、農業・農産物における典型的なものとして、エコファーマー制度と有機JAS認定制度とがある。前者は人に対する認定であり、後者が商品に対する認定である。

　エコファーマーとは、1999年に施工された持続農業法に基づいて、「持続性の高い農業生産方式の導入に関する計画」を都道府県知事に提出して、認定を受けた農業者のことを指し、環境に優しい方法で農産物を作っている生産者として認証されたことを意味する。堆肥等による土づくりと化学肥料・農薬の低減を一体的におこなう生産方式という持続性の高い農業生産方式を計画し、その計画が適当である旨の認定を受けた法人を含む農業者をエコファーマーと呼んでいる。

　エコファーマーの認定を受けると、農業改良資金の償還期限の延長や取得した農業機械の特別償却などの支援措置が受けら

れるというメリットがあるとともに、先にも触れた環境保全型農業直接支援支払交付金という財政的支援を受けるための要件の1つにもなっている。

　有機JAS認定制度は、有機農産物が市場に出はじめてきたときに、偽物有機農産物が大量に出回り、悪質な不当表示が氾濫したという歴史的背景からできてきたという経緯がある。1992年に「有機農産物等に係る青果物等特別表示ガイドライン」が制定され、有機農産物という言葉が公的に表示可能となった。1996年に改正されたJAS法で、それまでの罰則のないガイドラインから、正式に有機農産物であることを表示するのには、第三者機関としての登録認定機関の認証を受けて初めて名乗ることができようになった。こうして認証を受けることができた認定生産農家（生産行程管理者）や認定製造業者は、生産または製造する有機農産物について、自らが製造、生産または流通する製品について格付をおこない、有機JSAマークというラベルを付けることができるようになったのである。

　なお、有機農産物と減農薬・減化学肥料栽培等についての区別は、先のガイドラインによりはじめて公的に示されることになり、さらに1996年には、有機農産物以外（無農薬栽培農産物、無化学肥料農産物、減農薬栽培農産物、減化学肥料栽培農産物）を特別栽培農産物として、区別することになっている。

　エコファーマーであれ有機JASであれ、ともに情報提供型政策手段を用いて、他と区別させようという意図を持つエコラベル制度ということができる。ただ、エコファーマーについては人につくラベリングなので商品にラベルすることは本来意図し

ていない。都道府県ごとに対応はしているようではあるが消費者の目にはあまり触れることは少ないという弱点を持っているようである。また、有機JASは商品に対するラベリングであるため消費者の目にはつきやすいが、認知度はまだあまり高くないという課題を抱えているようにみえる。

今後を見据えた時、食料品の内容や質とともに、消費者の関心が生産のプロセスそのものにも及んでいく可能性を考えると、その手がかりとしての表示制度とラベリングは、より注目されるであろう。私たち消費者も今後そうしたことに目を向けていく必要は高まっており、どういう社会を自らが選択しているのかという、社会に対する責任を持つことが強く求められるようになると思われる。

◎用語解説────────────────

企業の社会的責任（CSR）：企業は単に利益を追求するだけではなく、その活動が社会へ与える影響に責任をもつことが求められ、社会及びその構成員に対して適切な意思決定をすることが必要である。社会的な存在として企業を位置づけ、企業の存続に必要不可欠な社会の持続的な発展に対して必要なコストを払うことが求められることを指している。

フェアトレード：発展途上国の原料や製品を適正な価格で継続的に購入することを通じて、立場的に弱い途上国の生産者や労働者の生活改善と経済的自立を目指す目的でおこなわれる運動とこうしたことに基づく取引を指し、もう1つの取引という意味でオルタナティブ・トレードともいわれている。

JAS：JAS（日本農林規格；Japanese Agricultural Standard）は、「農林物資の規格化及び品質表示の適正化に関する法律」通称JAS法に基づき、農林水畜産物およびその加工品に対して品質保証

をするための規格を指している。この規格に適合した食品など
にはJASマークと呼ばれる規格証票を付けて出荷・販売をする
ことが認められている。

産業連関論：産業連関分析は、投入産出分析とも言い、国民経済を幾
つかの産業部門に分割して各部門の投入と産出の相互関係を示
した表（産業連関表）を用いて国民経済の構造や変動を分析し
ようとするものである。どの産業からどれだけ原料等を入手し、
また賃金等を払っているか、どの産業に向けて製品を販売して
いるかなどをみることを通して、経済構造の把握、生産波及効
果の推計などに利用される。アメリカの経済学者であるレオン
チエフによって考案されたことで有名である。

トレーサビリティ：トレーサビリティ（traceability）は、対象とする
商品の流れを、生産から最終消費さらには廃棄まで追跡が可能
な状態をいい、履歴を確認できることを指している。トレーサ
ビリティには、トレースバックと、トレースフォワードがあり、
前者は物品の流通履歴の時系列にさかのぼり、後者は時間経過に
沿って追跡可能なことを指している。消費者が、その履歴をさ
かのぼって、生産履歴を見ることは、トレースバックによって
可能となり、また商品に問題が発見された時、それを購入した
顧客に対してピンポイントで商品の回収をおこなうことは、ト
レースフォワードによって可能となる。

地産地消：地産地消とは、地域生産・地域消費の略語といわれ、地元
で生産されたものを地元で消費するという意味でつかわれてい
る。近年、生産の現場と消費の現場との距離感の拡大を背景と
して生まれてきた消費者の農産物に対する安全面に関する不安
を解消しようとするなかで、身近で顔の見える関係という言葉
に示されるような消費者と生産者を結び付けるものの1つとし
て期待されている。

プロビット分析：被説明変数がYes/Noのような2値データや3段階

や5段階の評価値のような質的なデータで表されるようなモデルでは、これにどういう要因が影響を与えているのかを考えたい場合には、通常の回帰分析を適用することができず、ロジスティック回帰やプロビット回帰を用いる必要がある。ロジスティック回帰分析が被説明変数をロジット変換するのに対し、プロビット回帰分析では被説明変数をプロビット変換した値を回帰分析することになる。

さらに勉強するための本

◎経済学特にミクロ経済学に関するテキストや書物は数多く、それぞれ特徴を持っているのであえてここで挙げることはしない。あえて、希少性の考えの原点を示してくれるL.ロビンズの古典と、バッズという言葉を最初に著者が目にした林敏彦のテキストをあえてあげておきたい。

L.ロビンズ『経済学の本質と意義』東洋経済新報社、1957
林敏彦『需要と供給の世界：ミクロ経済学への招待』日本評論社、1982

◎環境経済学に関する著作も数多くあるが、以下のようなものが代表的なものとしてあげられよう。

柴田弘文『公共経済学』東洋経済新報社、1988
植田和弘・落合仁司・北畠能房・寺西俊一『環境経済学』有斐閣、1991
植田和弘『環境経済学』岩波書店、1996
植田和弘・岡敏弘・新澤秀則『環境政策の経済学』日本評論社、1997
柴田弘文『環境経済学』東洋経済新報社、2002
諸富徹・浅野耕太・森晶寿『環境経済学講義−持続可能な発展をめざして（有斐閣ブックス）』有斐閣、2008
栗山浩一・馬奈木俊介『環境経済学をつかむ　第2版』有斐閣、2012
森晶寿・孫穎・竹歳一紀・在間敬子『環境政策論−政策手段と環境マネジメント』ミネルヴァ書房、2014

◎さらにまた、廃棄物処理に重点をおいた形で環境問題を捉えているものとしては、以下のものがお薦めといってよい。

植田和弘『廃棄物とリサイクルの経済学(有斐閣選書)』有斐閣、1992

細田衛士・横山彰『環境経済学』有斐閣、2007

細田衛士『グッズとバッズの経済学（第2版）－循環型社会の基本原理』東洋経済新報社、2012

細田衛士『資源の循環利用とはなにか－バッズをグッズに変える新しい経済システム』岩波書店、2015

◎環境価値評価に関わる研究も数多くあり、これを中心にした書籍については、以下のものを挙げておく。

ディクソン他『環境はいくらか－環境の経済評価入門』築地書館、1991

ディクソン・ハフシュミット編『環境の経済評価テクニック』築地書館、1993

ヨハンソン『環境評価の経済学』多賀出版、1994

鷲田豊明『環境評価入門』勁草書房、1999

柘植隆宏・三谷羊平・栗山浩一『環境評価の最新テクニック－ 表明選好法・顕示選好法・実験経済学』勁草書房、2011

栗山浩一・庄子康・柘植隆宏『初心者のための環境評価入門』勁草書房、2013

◎農業と環境とのかかわりから、さらにその政策的対応といった側面については以下の書籍が参考になる。

嘉田良平・浅野耕太・新保輝幸『農林業の外部経済効果と環境農業政策』多賀出版、1995

嘉田良平『世界各国の環境保全型農業：先進国から途上国まで』農山漁村文化協会 1998

生源寺眞一『現代農業政策の経済分析』東京大学出版会、1998

嘉田良平・西尾道徳監修『農業と環境問題（農林水産文献解題28)』農林統計協会、1999

生源寺眞一『農業再建－真価問われる日本の農政』岩波書店、2008

荘林 幹太郎・竹田 麻里・木下 幸雄『世界の農業環境政策－先進諸国
　の実態と分析枠組みの提案』農林統計協会、2012

法政大学比較経済研究所・西澤栄一郎編『農業環境政策の経済分析』
　日本評論社、2014

　◎最後に、体系立てて環境経済と環境政策の分野を網羅しているものと
しては、以下の岩波講座「環境経済・政策学」（1巻～8巻）をあげてお
く必要があるだろう。

第1巻　佐和隆光・植田和弘編『環境の経済理論』岩波書店、2002

第2巻　吉田文和・宮本憲一編『環境と開発』岩波書店、2002

第3巻　植田和弘・森田恒幸編『環境政策の基礎』岩波書店、2003

第4巻　寺西俊一・石弘光編『環境保全と公共政策』岩波書店、2002

第5巻　寺西俊一・細田衛士編『環境保全への政策統合』岩波書店、
　2003

第6巻　森田恒幸・天野明弘編『地球環境問題とグローバル・コミュ
　ニティ』岩波書店、2002

第7巻　細田衛士・室田武編『循環型社会の制度と政策』岩波書店、
　2003

第8巻　吉田文和・北畠能房編『環境の評価とマネジメント』岩波書
　店、2003

むすび

　本書は、経済学の目を通して食や農と環境とのかかわりについて考えてきた。

　食と農にかかわる環境問題は多岐にわたり、またお互いに非常に複雑な関係にある。こうした複雑に絡み合った関係を解きほぐし、その本質・エッセンスはどういったことなのかを明らかにするために、経済学的なものの見方という鋭利なナイフを用いて、問題をできるだけ切り取り、整理したつもりである。

　食料消費や農業生産が環境とどういうかかわりを持っているのかということに対して、「外部性」と関係して起こることに基本的に問題を限定して考えることにした。つまり、環境にやさしいというプラスの外部性や、環境に負荷をかけるというマイナスの外部性といったものをキー概念とし、一貫してこれに基づいて考えてきたわけである。

　そのため、廃棄物・ゴミにかかわる問題などの中で、それ以外の局面、たとえば、資源の循環利用だとかモッタイナイといった、「資源問題」にかかわるとも考えられるものは、直接的な意味で環境問題とはいいがたい側面を持っていると考えた。したがって、こうした側面は、本書では一応対象の外に置くことを基本とし、対象と考えられるものに、できるだけ議論を集中してきた。廃棄物が環境に負荷をかけるかどうかということを基準としたためであり、この選択そのものは、問題の重要度と

は全く関係がないことはお断りしておきたい。

　環境問題と資源問題とは関連はするが、別個の問題であると考えておいた方がいいと思っている。つまり、ある問題の環境問題的側面と資源問題的側面とは分けて考えておくべきである。ゴミの問題などでは、まずは2つの側面を分けて考え、そのうえであわせて考えるという手順を踏むことが、問題の本質を理解しやすくしてくれるのではないかと考えている。

　本書の構成は、はじめにとむすびを除く本論部分を、まず大きく2つのパート（I部とII部）に分け、それぞれに4つずつの章を割り当てる形をとってみた。

　第1章から第4章までの第I部では、「環境問題を経済学の目から見るとは？」のタイトルで、市場での経済主体の行動という経済学の基礎的な考え方からはじめ、市場がうまく機能しない市場の失敗とさらにこれに対する政策対応を詳細に説明している。また、廃棄物の問題については、その特性から情報の非対称性にかかわる問題にも書き及んでいる。

　こうした第I部のきわめて教科書的ではありながら、落とすことのできない経済学の知識を得て環境経済学の入り口をくぐった読者に対して、食や農というトピックで環境とのかかわりについて、もう少し具体的に考えることに挑戦してもらおうとしたのが、第II部の「食と農と環境とのかかわりとは？」である。具体的には、農業生産との関係でどのような環境にかかわる問題があるのかを示し、また家畜糞尿というものを例にして、食や農の廃棄物による環境問題も考えてみた。もう1つのトピックとして、こうした問題に対する政策対応である農業環境政

策を取り上げ、さらに消費者の購買行動を通して、消費者の環境への意識や責任や、生産者と消費者をつなぐ情報の意味についても考えてみた。

「持続可能な発展」という言葉に示されるように、環境問題はきわめて人間臭い社会経済的性格をもつ問題である。環境保全そのものが最終の目的ではない、という点には注目する必要があるだろう。

環境保全の問題では、自然資源や環境という貴重な恵みを、将来世代を含めて、どのような人々がどのような形で享受することができるのか、できるようにするのかということがたいへん重要である。一部の人々が短期的な利益のためにそれらの資源を独占し浪費してしまわないようにすることが、基本的な前提となることを忘れてはならない。

人間にとって望ましい環境を保全・保存し、現在世代間さらに将来世代との間で、環境の価値をいかにして効率的かつ公平に配分するのかを考えることこそが、環境問題の本質であるといってよい。このことをかみしめながら本書を締めくくることにしたい。

■著者紹介

宇山 満（うやま みつる）
龍谷大学農学部食料農業システム学科准教授。農業政策学、環境経済学、蚕糸業経済学。

✐ 主な業績は、『国際化時代の農業経済学』家の光協会、1992 年（共著）、*Perspective of Alternative Commodities Chain : Production, Trade and Consumption*, Kasetsart University Press, 2008（共著）、『知っておきたい食・農・環境——はじめの一歩』昭和堂、2016 年（共著）、『食・農・環境の新時代——課題解決の鍵を学ぶ』昭和堂、2016 年（共著）など。

☞ 生産者（農家）や消費者の行動とその意思決定メカニズムの解明、農業政策がもたらす社会的効果と社会的効率性の解明、蚕糸絹産業の実態把握と国際シルク市場の方向性の解明、農業・農村の環境価値評価とその政策評価への適用可能性、などについて研究しています。

「食と農の教室」③

食と農の環境経済学——持続可能社会に向けて———

2016 年 11 月 10 日　初版第 1 刷発行

著　者　宇山　満

発行者　杉田啓三

〒606-8224　京都市左京区北白川京大農学部前
発行所　株式会社 昭和堂
振替口座　01060-5-9347
TEL（075）706-8818／FAX（075）706-8878

©2016　宇山　満　　　　　　　　　　印刷　中村印刷

ISBN978-4-8122-1604-0

＊乱丁・落丁本はお取り替えいたします。
Printed in Japan

本書のコピー、スキャン、デジタル化等の無断複製は著作権法上での例外を除き禁じられています。本書を代行業者等の第三者に依頼してスキャンやデジタル化することは、たとえ個人や家庭内での利用でも著作権法違反です。

「食と農の教室」シリーズ

① 知っておきたい食・農・環境——はじめの一歩

龍谷大学農学部食料農業システム学科 編　本体価格 1,600 円

これから農業関係の道に進みたい！
そんな人に、知っておきたい知識・情報をわかりやすく解説。
現代農業を知り、農業に取り組むための基礎知識を提供する。

② 食・農・環境の新時代——課題解決の鍵を学ぶ

龍谷大学農学部食料農業システム学科 編　本体価格 1,600 円

グローバル化に TPP, 日本の農業はこれからどこへ向かうのか？食料・農業関係の
道に進もうとする人に、日本農業の進むべき道をわかりやすく示す。

キーワードで読みとく現代農業と食料・環境

監修『農業と経済』編集委員会　本体価格 2,800 円

基礎知識から現代的トピックまで、125 の必須テーマをコンパクトに解説。絡み合
う農業、食料、環境問題を解きほぐし、問題解決をめざすソフトな思考力が求めら
れている。総勢 50 名の第一線研究者が初学者へおくる解説入門書決定版！

農村コミュニティビジネスは住民が出資・労働・農林水産物供給をおこなう小規
模事業体。経済活動と同時に環境保全・福祉・教育等の地域課題の解決をめざす。
本書は、グリーン・ツーリズムをこのより広い概念で捉えて今後の展望を示す。

農業と経済 (月刊)

『農業と経済』編集委員会 編　通常号本体価格 889 円

2016・7・8 月合併号　　特集●農協を立て直す〔本体 925 円〕
2016・9 月号　　　　　特集「規制改革議論」と現場の実像
2016・6 月臨時増刊号　特集●TPP 合意——日本の農と食を再考する〔本体 1,700 円〕

昭和堂刊

価格は税抜きです。
昭和堂のHPはhttp://www.showado-kyoto.jpです。